观赏鱼养护与鉴赏丛书

汪学杰◎主编

金鱼的养护与鉴赏

SPM 南方出版传媒
广东科技出版社｜全国优秀出版社
·广 州·

图书在版编目（CIP）数据

金鱼的养护与鉴赏 / 汪学杰主编. —广州：广东科技出版社，2018.3（2020.6重印）
（观赏鱼养护与鉴赏丛书）
ISBN 978-7-5359-6845-6

Ⅰ. ①金… Ⅱ. ①汪… Ⅲ. ①金鱼—鱼类养殖②金鱼—鉴赏 Ⅳ. ①S965.811

中国版本图书馆CIP数据核字（2018）第006129号

金鱼的养护与鉴赏

责任编辑：区燕宜
封面设计：柳国雄
责任校对：杨崚松
责任印制：彭海波
出版发行：广东科技出版社
（广州市环市东路水荫路 11 号 邮政编码：510075）
http：//www.gdstp.com.cn
E-mail：gdkjyxb@gdstp.com.cn（营销）
E-mail：gdkjzbb@gdstp.com.cn（编务室）
经 销：广东新华发行集团股份有限公司
排 版：创溢文化
印 刷：广州市岭美文化科技有限公司
（广州市荔湾区花地大道南海南工商贸易区 A 幢 邮政编码：510385）
规 格：787mm×1 092mm 1/16 印张 10.25 字数 205 千
版 次：2018 年 3 月第 1 版
2020 年 6 月第 3 次印刷
印 数：5 501~7 500册
定 价：49.80 元

《观赏鱼养护与鉴赏丛书》
编委会

《金鱼的养护与鉴赏》
编委会

序

一条小鱼，怎么做到妇孺皆知，盛行千载，享誉中外？读完《金鱼的养护与鉴赏》，就应该有所领会。

鱼类的历史很有意思，人类养鱼的历史，如果愿意深究，也一定很有意思。虽然现在很多人更愿意玩玩《王者荣耀》之类，但说不定真有人研究研究养鱼历史更舒心呢！古籍《齐民要术》留存有《范蠡养鱼经》（或称《陶朱公养鱼经》）的残篇，出奇完整地描述了商业养鲤的要领，抛开是范蠡原创还是汉代人假托，那也是两千年前的作品。后面有文化的人便常常在需要时借用陶朱术挖池养鱼，但有意思的是，挖池养鱼的人常常是为皇上打工的臣属，如开建于东汉的襄阳习家池，迄今仍然是一处有名园林。唐宋元明清，代代有挖池，代代有诗文纪述。这些人不需要养鱼谋生，只要伺候好皇上就有饭吃，所以他们养鱼好玩，背离了范蠡先生的初衷。正是如此，我们的主人公金鱼才得以粉墨登台。

宋室南渡，驻跸临安（杭州），北与大金媾和，偏安一隅变成永久之态。除了岳飞等人外，满朝文武多是识时务的“俊杰”，知道如何为皇上分忧。杭州有好水、好景、好茶、好文脉，还有好鱼。据《湖山便览》记载，北宋苏东坡曾说：我以前读苏子美（苏舜钦）的《六和寺诗》有“沿桥待金鲫，竟日独迟留”佳句，当时不明白，后来到钱塘（杭州）当通判（知州的副职），才知六和寺后有池，池中有这种金色鱼。十几年后，东坡先生再次来杭州当知州，故地重游写下了“我识南屏金鲫鱼，重来拊槛散斋馀。还从旧社得心印，似省前生觅手书”。南宋高宗赵构于是在杭州德寿宫筑池养金鲫鱼。如此天时、地利、人和具备，潜水几百年的金鱼该出头了。皇帝带头，一大帮达官贵人点赞并身体力行，大家不仅养普通金鲫，更是争相别出心裁选择出奇特的个体来。想想能在皇上面前及在群中捧出与众不同的鱼儿，肯定能得到多多点赞，说不定皇上一高兴加官晋爵也是可能的，反正别去干那些“打到旧都去，迎回两老头”的蠢事。

歪打正着，南宋皇家和臣僚们玩鱼，促使金鱼脱颖而出。好玩的是，由于利益相关，大家选育金鱼还相当保密。岳飞的孙子岳珂写了本书叫《桯史》，书里记载：今中都（杭州）有豢养鱼的人，能把鱼养变成金色，以鲫为上，其次是鲤。岳珂说道：问那些养鱼人用什么技术，一般都不肯说，有人说出用环市排污渠里的小红虫来饲鱼，大概百日左右变金色。起初幼鱼白如银，然后逐渐变黄，最后长成金色，不过我没亲身验证。（按，金鱼幼时为鲫鱼态，长大变形变色，遗传使然，不是吃了红虫，古人不知。）后来的选育演变进展就越来越符合遗传学了。明代的张谦德写了部《朱砂鱼谱》，是科技性较高的专业的金鱼古文献。

一般情况，社会安定，经济发展，金鱼得其所焉。南宋偏安，经济状态也不错，金鱼发达起来。战乱频繁，民不聊生，金鱼先殃。金鱼成为一行产业，从古代到近代千百年间不脱个体户散户模式。而今随着经济、科技、社会生活的突飞猛进而繁荣，专业的、现代意义的金鱼产销企业做得风生水起，金鱼业遂成为当今政府推动发展的休闲渔业重要组成部分。好吧，主编要我作序，到故纸堆特别淘了这些古仔，拉了名人进来抬高身价，使我们的金鱼更有明星相。还加上之前所作《西江月》一首：

短袖长裙逸影，红妆素裹柔姿。
优游漫舞最相思，她是水中仙子。

乱世流离失所，兴平华厦琼池。
红颜命运总因时，附会盈虚历史。

罗建仁

2017 年 9 月于广州

前　言

金鱼诞生于1 000多年前，是世界上最早人工养殖的观赏鱼，也是最早选育的鱼类品种。在我国人们养殖金鱼的历史中，先后诞生了大约500个金鱼品种，这些成就无不令我们备感骄傲和自豪。

金鱼和锦鲤、热带观赏鱼并列为当今三大观赏鱼，金鱼的市场份额约占观赏鱼总额的1/3，对观赏鱼产业有着举足轻重的影响。以区区一个种类与有着1 000多个种类的热带观赏鱼鼎足而立、分庭抗礼，足以说明这个有千年历史的古老品种有多么强大的生命力！

然而，纵观当今国内金鱼市场，中国金鱼本土品种日渐式微，回引的日本金鱼逐渐做大，竟有反客为主之势。回引自日本的所谓琉金、兰寿、和金等，区区三五个品种已占据我国金鱼市场的50%以上的份额，站在我国金鱼舞台的中心，将传统的中国金鱼诸如龙睛蝶尾、水泡眼、珍珠鳞、狮头、虎头等主流品种赶到了舞台边缘，作为一个中国观赏鱼研究者，鄙人深感愧疚！

国内金鱼市场的这种状况，责任不在消费者，消费者有权选购自己喜欢的商品，没有义务购买自己不喜欢的商品，况且很多消费者甚至不知道琉金、兰寿之类和日本金鱼、中国金鱼有什么关系。因为中国市场上的所谓日本金鱼，起源也是中国，而且国内市场的日本金鱼是从日本引进的种源，由我国的金鱼场生产的。所以，这种状况一方面反映了我们在金鱼育种等方面的研究投入太少，没有与时俱进开展符合现代人审美需求的新品种、新技术；另一方面反映了我们在金鱼的宣传、科普方面做得很不够。金鱼是我们的国粹，现在就连观赏鱼爱好者都不了解，可见宣传普及方面欠缺得很。

作为一个从事观赏鱼研究20余年的研究人员，笔者在深感愧对为金鱼诞生和发展做出巨大贡献的先贤的同时，也备感对于宣传金鱼文化、普及金鱼知识、推广金鱼养殖技术所肩负的责任。为此，竭尽笔者所能编写了这本图书，期望为弘扬金鱼文化，促进其产业发展做出一点微薄的贡献。

编撰本书的目的：第一，期望通过对金鱼诞生演化的历史和金鱼文化的介绍，提高读者对金鱼文化的认知；第二，通过对鱼类遗传育种知识、金鱼生物学特性及养殖技术的介绍，为提高优质金鱼的生产技术打开思路；第三，通过普及鉴赏和消费性养殖的知识经验，使消费者的欣赏水平得到一定程度的提高，使消费者对金鱼的价值有更清楚的认识，使消费者知道在养殖金鱼的过程中可能会遇到的问题及如何解决这些问题，进而使消费者从养玩金鱼的过程中获得更多成功的喜悦。总之，期望使更多的人懂金鱼、喜欢金鱼，对金鱼养殖休闲产业、金鱼休闲文化有所助益。

本书为广东省省级科技计划项目（科普创新发展领域，项目编号2017A070713001），其编写得到了国家水产种质资源基础条件平台项目“珠江水系鱼类种质资源标准化整理、整合与共享（2017DKA30470）”和广东省实施技术标准战略专项“观赏鱼”等项目的支持和资助，还得到了中国水产科学研究院珠江水产研究所、农业部休闲渔业重点实验室及广东省水族协会的大力支持，在此一并表示衷心的感谢。

因笔者水平有限，管中窥豹不及万一，书中难免有疏漏、不妥甚至错误之处，恳请同行专家及读者批评指正。

汪学杰

2017 年 8 月

目　录

金鱼的历史与我国的金鱼文化 1

一、金鱼的历史 2

二、我国的金鱼文化 9

金鱼的形态及其变异 13

一、金鱼的形态 14

二、金鱼的变异 17

（一）体色的变异 17

（二）体形的变异 18

（三）头部的变异 20

（四）眼睛的变异 21

（五）鳍的变异 22

（六）鳞片的变异 23

三、金鱼形态学术语 25

金鱼的分类、命名及主要品种 27

一、金鱼分类系统 28

（一）金鲫类 28

（二）文鱼类 31

（三）蛋鱼类 33

二、金鱼品种的命名 36

三、金鱼主要品种及其特征 37

（一）金鲫类 37

（二）文鱼类 38

（三）蛋鱼类 42

金鱼的鉴赏 45

一、赛会评比规则 46

二、主要门类特征和鉴赏 49

金鱼的生物学特性、自然习性及家养技术 75

一、金鱼生物学特性和自然习性.. 76

二、金鱼家养技术 76

（一）养殖器皿的选择 77

（二）鱼缸放鱼前的准备 79

（三）金鱼的选购 84

（四）养殖管理 88

Contents

金鱼的遗传育种、繁殖技术和生产技术 93

一、金鱼的遗传与育种 94

（一）遗传学基本原理 94

（二）金鱼育种技术..........................96

（三）金鱼种质改良........................102

二、金鱼的繁殖 104

（一）雌雄鉴别..............................104

（二）后备亲鱼培养........................104

（三）配对繁殖..............................105

（四）孵化......................................108

（五）鱼苗培育..............................109

（六）非规模生产条件下的繁殖和育苗 109

三、金鱼的生产技术................ 111

（一）养殖设施..............................111

（二）饲养管理..............................114

金鱼病害防治策略、常用药物及防治方法 125

一、病害防治的意义和策略...... 126

二、金鱼常用药物................... 127

（一）消毒剂类..............................127

（二）抗菌药物类 132

（三）杀虫驱虫药 134

（四）其他药物..............................135

三、常见疾病的防治................ 136

（一）细菌性疾病 136

（二）病毒性疾病 143

（三）寄生虫性疾病........................145

（四）其他类疾病 150

参考文献................................ 153

短袖長袂逸影
紅粧素裹柔姿
優游漫舞
最相宜她是水
中儷子亂世
流離失所無平
華夏瓊池紅顏
命運總因時附
會風雲歷史

西江月 金輿 丁酉年秋
於羊城 羅建仁並書

1

金鱼的历史与我国的金鱼文化

一、金鱼的历史

金鱼的故乡是中国，这是毫无疑问的，但是金鱼究竟诞生于何时，却有不同的说法，有说晋代的，有说北宋的，有说南宋的，甚至还有说明代的。那么金鱼究竟诞生于什么年代呢？我们先不忙于下结论，不妨先看看古代的记载，看看各家说法的依据吧。

明代李时珍在《本草纲目》中提及金鱼时，引述南北朝时期祖冲之在《述异记》中的记载说："晋衡冲游庐山，见湖中有赤鳞鱼，即此也！"他认为晋代庐山的湖（应该是芦林湖吧，因为更大的那个如琴湖是 1961 年才修建的水库）中出现的红色鱼就是金鱼。但是李时珍又说："金鱼有鲫鲤鳅鲨数种……自宋始有畜者，今则处处人家养玩矣。"从李时珍的这些记述我们可以看出，其一，他所谓的金鱼是指一切红色（还包括黄色、橙色）的鱼，不仅仅是金鲫，还有红（黄）鲤鱼、暖色的其他鱼类，这和今天金鱼的概念是完全不同的；其二，他认为从宋代（也不知是北宋还是南宋）才开始有人工蓄养，所以从他的话推断，宋代开始出现金鱼的可能性比较大；其三，明代时金鱼已经正式成为观赏鱼，养玩已相当普及了。

从李时珍的记述不能断定金鱼诞生的具体时间，但是可以了解金鱼诞生的大致过程。

野生的红鲫鱼是金鱼的祖先，而野生红鲫鱼和红鲤鱼都是自然存在的，也许比人类出现更早。红色的淡水鱼最早的记述是在《山海经》中："睢水出焉，东南流经于红，其中多丹粟，多文鱼。"古汉语的"文"代表色彩和花纹，"文鱼"就是彩色的鱼，而水里面能反映出来的色彩只能是红黄系列的，所以这里的"文鱼"和后来的"赤鳞鱼"其实是一样的。《山海经》成书于战国时期，距今约 2 500 年。

从野生的"赤鳞鱼"到家养的金鱼，不是某些人刻意而为的结果，而是一种社会行为无意促成的副产品，这个社会行为就是佛教。

佛教最早传入中国是在东汉时期，东汉明帝曾梦见有天使自西方而来，不久张骞出使西域归来，带来叶摩腾和竺法蓝两个印度僧人，明帝给他们在当时的都城洛阳建立寺庙，以驼经书的白马为名，白马寺成为中国第一个佛教寺院。由于受到皇帝的青睐，白马寺香火鼎盛，为了更好地宣扬佛教，劝导人们向善，在寺院前建了放生池，让信徒们将解救于饕餮之口的鱼虾龟鳖放生。因为有了白马寺的样板，后来中国各地的佛教寺庙，只要稍具规模的都会建放生池。

洛阳白马寺

中国第一个佛教寺院。

放生池一般是人工开挖的，其水源一般是泉水或用水渠引自溪流、小河的水。一般放入池的鱼虾不会游入天然水域，少数会季节性地“开放”，鱼虾回归自然。但是多数的放生池是封闭式的，所放生的鱼虾龟鳖留在池内，以利于寺庙宣扬功德。野生的红鲫鱼、红鲤鱼比一般的鱼类有更多的放生机会，于是金鱼的始祖——红鲫鱼开始了它家化养殖的第一步。

关于放生池中见到红鲫鱼的报道最早见于南朝时期。晋代之后南齐有位萧锐在他的《高僧传·释昙霁传》中有这样一段描述：“庐山……西林院秀池中赤鲋，龙也。”稍后，南朝梁武帝大通三年的《丛林记拾》中有“赤鲋，庐山西林寺秀池中，世界罕有”这样的记述。可见，庐山的西林寺（今犹存）应是池养最早的红鲫鱼了，年代至迟也是南朝（公元 420—589 年），距今 1 500 年以上，甚至有可能《述异记》中记载：“晋衡冲游庐山，见湖中有赤鳞鱼，即此也。”当中的“湖”实指西林寺放生池。古人“湖”“池”的概念与现代不同，造成误会的可能是存在的。如果是这样的话，最早在放生池中见到红鲫鱼可以从晋代（公元 265—420 年）算起，那么至少是 1 700 年前了。

白马寺放生池局部

这是现代的白马寺放生池。该池狭长如护城河，以中心三座拱桥为界，左边放生龟鳖为主，右边放生鲤鲫鱼为主。

随着佛教在中国的传播，寺庙及其放生池也越来越多。由于红黄色的鱼比较容易被人看见，有利于寺庙彰显功德，而且寺庙方面也蓄意收集珍奇物种，各地的放生池中也越来越多地见到红鲫鱼、红鲤鱼了。据资料介绍，公元 756 年，唐肃宗曾建放生池 81 处，主要放养金鲫。达官贵人们为了附庸风雅、显耀或者美化庭院环境，在自家的庭院中建荷花池并蓄养红鲫鱼、红鲤鱼，逐渐形成风气。在家庭院落中蓄养红鲫鱼，可以算作是金鱼始祖的半家化养殖了。而这样的半家化养殖，至少在唐代已经开始有了。

日本水产专家松井佳一所著《金鱼大鉴》中，描述了公元 649—765 年，日本遣唐使亲眼看到过中国饲养金鱼的情景。我们有理由相信，至少在 1 300 多年前，中国饲养金鱼（此时仍应是红鲫鱼，或称金鲫）已经比较普及，不仅限于寺庙了。

到北宋时期，金鱼仍然是处在金鲫的演化阶段，主要在鱼池、荷花池中养殖。杭州六和塔及塔下的开化寺建于宋开宝三年（公元 970 年），开化寺中设有金鱼池，苏东坡留下诗句“沿桥待金鲫，竟日独迟留”描述他在开化寺为等待金鱼现身而竟日等待的情形。另外，还有一些北宋时期的描述提到放生池的金鲫，可见，此时金鱼的演化仍然处于金鲫阶段。也就是说，此时的金鱼只是体色不同于野生鲫鱼，而并没有体形的变化，否则不会没人提起。而且当时金鲫蓄养的方式仍然是水池，水体相对宽阔，而且金鲫以自己找食物为主，也有一定的生存压力，环境条件使它们必须保持原有的适合游泳的体形。北宋时期，金鱼仍然处于半家化的养殖模式。

南宋时期，金鱼比北宋时期更加普及，首先南宋第一个皇帝宋高宗赵构，在杭州造御花园数十处，在德寿宫内专门搞了养鱼池，广派人员到江南各地收集金鲫供其玩赏。高官巨贾也纷纷仿效，在自家庭院修建鱼池，养殖金鲫。然后地方官员、比较富裕的人家又仿效高官巨贾，以至于一般的老百姓都知道、都有机会欣赏到金鲫了。当时养玩金鲫的风气很盛，据当时的史料《钱塘县志》记载：“杭州等地园亭遍养玩之。”此时，已经出现了养殖金鲫的职业，人们称之为“鱼儿活”。而且，已经出现了金鲫买卖了，据吴自牧著《梦粱录》记载：浙江杭州钱塘门外，金鲫已“入城货卖”。如此说来，世界上最早出现的观赏鱼商贸就是南宋时期的金鲫买卖了。

南宋是金鱼家池养殖开始的时代，王春元在《中国金鱼》（金盾出版社，1999年）一书中将这一时期称为“家池养育时代”。这时，家池养殖金鱼主要是人工投喂饲料的，与北宋只放养不管理的情况明显不同，而这一差别对于金鱼的演化是有很大意义的。

另外，“鱼儿活”因专门从事养殖金鱼的工作，长期的观察和经验积累，使他们逐渐掌握了从天然水域中捞取鱼虫（枝角类等浮游动物）喂养金鲫的技术，而且还掌握了繁殖金鲫（包括配对、提供产卵鱼巢、人工孵化、鱼苗培养）的方法。南宋时的文献《鼠璞》记载：“鱼子多自吞吐，往往以萍草置池上，待其放子，捞起曝干复换水复生鱼。黑而白始能成红。”证明了当时的金鲫繁殖技术状况。养殖和繁殖技术在当时对于金鲫养殖的普及有很大的意义，而从金鱼演化发展史的角度来看，繁殖技术是育种的基础，金鲫繁殖技术的掌握是从金鲫培养金鱼的基础性技术关键。

南宋时期，受上流社会风气的影响，中下层民众也对养金鲫产生了很大的热情。普通百姓受经济条件的限制，不太可能开挖建造大的鱼池，建小鱼池都很困难，于是有人开始尝试用陶缸养金鲫。据资料介绍，1961年，爱国华侨陈幼牧博士将一只祖传的宋代均窑鱼缸献给厦门中山公园花展馆，供群众观赏。这个鱼缸高 1.1 米，缸口直径 1.2 米，缸身最突出的部分周长 3.7 米，缸底周长约 0.37 米，肚大底尖。这个鱼缸应该是宋代开始鱼缸养金鲫的有力证明。

这种肚大底尖的鱼缸，陶质的比较普及，民间称为“黄沙缸”，一直到民国时期还在广泛用于金鱼养殖，而且也是从家池养鱼到鱼盆养金鱼必须经过的一个发展阶段。有人认为盆养开始得很早，金鱼体形的变异正是盆养的结果。笔者不敢苟同，因为家池养殖的金鲫，体形仍然和野生的鲫鱼没有明显的差别，如果养在盆里，只怕不用多久就跳出来了，怎么可能长时间养殖？养过金鲫的人应该有这样的经验，鲫比鲤还爱跳，一有风吹草动就跳了，跳得还挺高，全长 15 厘米左右的鲫鱼跳出水面 60 多厘米高是很容易的事情，所以不可能在木盆或者陶瓷盆中养殖的。而大肚子的陶缸，蓄半缸水已能保证鱼有比较大的活动空间，水面位置面积最大，有利于氧气溶入水体，水面距缸口有比较大的距离，而且缸口稍内收，能起到防止鱼跳出的作用。所以，笔者认为，金鱼或者金鲫从家池养殖阶段直接过渡到盆养阶段的说法是不正确的，金鱼体形演化的关键一步是陶缸养殖阶段实现的。

陶缸养金鲫作为民间主要养殖形式持续了很长时间。《二如亭群芳谱》中有这样的描述：“元时燕帖木儿奢侈无度，于第中起水晶亭。亭四壁水晶镂空，贮水养五色鱼其中，剪采为白苹红蓝等花置水上。壁内置珊瑚栏杆，镶以八宝奇石，红白掩映，光彩玲珑，前代无有也。”这里“五色鱼”有可能是现代宁夏西吉县所产天然的“西吉采鲫”，也有可能是金鲫，因为南宋时金鲫已有红、银白、黑多种颜色了。而水晶亭应该类似于玻璃缸，而且这个缸应该深度比较大，不然称不上“亭”，而且上面还能养“白苹红蓝等花”，因此这个“水晶亭”实际就是豪华鱼缸。元代的统治者是来自草原的游牧民族，对养鱼并没有真正的兴趣，关于这个朝代养金鲫的事情文史资料较少，从前面这段描述及后来的情况推断，家池和陶缸仍是金鲫的主要养殖方式，而金鱼的育种方面并无明显的进展。

明代是真正的金鱼形成的时期。明代中期，社会相对和平稳定，经济较为繁荣，玩赏的需求激发了金鱼饲养活动的发展，而长期在“黄沙缸”这样的封闭静止的小型水体生活和世代相传，也使金鲫积累了逐渐产生的形体变化，它们变得肥胖了，这使得盆养成为可能。

现在的金鱼，体形上不仅是比金鲫肥胖，它的脊椎发生了愈合、弯曲才是最起决定作用的。金鲫脊椎愈合、弯曲是何时发生的，究竟是在陶缸中还是在鱼盆中已无从考证，但是可以肯定一定是在这两种小型水体中长期养殖才有可能，而个别的变异只有经特别的选留才能被保存和遗传。

小型水体养殖会加大鱼类基因突变的概率，这一点早已得到科学验证。金鲫被挪到鱼缸或鱼盆养殖后，饲料完全由人提供，食物结构与原先有很大不同，从原来以植物类为主包含藻类、有机碎屑、底栖动物等内容丰富的食谱，变成以浮游动物为主饼粕类为辅的较为单一的食谱，食物营养成分的改变，是造成体形变化的重要因素。

由于不需要自己寻找食物，金鲫的运动明显减少；由于没有生物竞争，没有安全压力，不需要为生命安全而迅速逃逸，不利于快速游泳的变异被保存下来，比如尾鳍的延长和畸变。如果在天然水体或者半天然的大型水体，尾鳍发生畸变的个体会被自然淘汰，而在鱼缸和鱼盆，这样的变异丝毫不会影响其生命安全，甚至由于在鱼缸里没有畅游的空间，上下翻飞和绕圈成了基本运动方式，有理由相信尾鳍由垂直方向演化为水平方向及多叶，与空间狭小导致运动方式的改变有很大关系。

鱼缸和鱼盆这样的小型水体，理化环境条件与家池、放生池有很大不同，其水温易涨易落，变化幅度大，变化速度快；酸碱度、硬度、浊度、溶氧量、藻相、菌相、微量元素等，随喂食—排便—富营养化—酸化—换水的管理周期，不断地发生着周期性的变化。环境胁迫对酶分泌产生干预，加快了基因变异的频率，各种各样的畸形频繁地发生，在人为选择的作用下，有着特殊形态特征的金鱼就被培养出来了。

由于小型水体加快了变异的产生，并使这些变异更容易被选择和保留下来，明代中后期金鱼发生了一系列包括眼睛、尾鳍、背鳍的形态变化，出现了很多新的品种，而不仅仅是各种颜色的金鲫。公元 1596 年以前，史料中记载的金鱼品种就有：红鱼、白鱼、金盔、金鞍、锦背、印头红、连鳃红、首尾红、鹤顶红、七星、八卦、墨眼、雪眼、朱眼、紫眼、玛瑙眼、琥珀眼、四红、十二红、二六红、堆金砌玉、落花流水、隔断红尘、莲台八瓣、蓝鱼、水晶鱼等。公元 1596 年，张丑（字谦德）的《朱砂鱼谱》出版，讲到金鱼有很多个品种，而主要叙述的这种朱砂鱼，尾鳍的变异尤为特别："鱼尾皆二，独朱砂鱼有三尾者、五尾者、七尾者、九尾者，凡鱼所无也。"这本书还详细介绍了朱砂鱼的日常管理，是我国描述金鱼形态及饲养方法最详尽、最科学的古籍之一，也是世界上最早的观赏鱼饲养技术书籍。这本书也说明，明代不仅仅是金鱼真正形成的时代，金鱼养殖繁殖和鉴赏也在这时上升为技术理论。

清代初期与元代有些类似，北方游牧民族统治下的中国，上流社会对金鱼没有兴趣，金鱼饲养出现衰落，直到道光年间，饲养金鱼的人又多了起来。有一些古籍介绍了金鱼饲养的方法，比如姚元之的《竹叶亭杂记》中关于金鱼饲养法的章节，对金鱼品种及饲养技术方法的描述非常详尽，如“龙睛鱼此种黑如墨，至尺余不变者为上，谓之墨龙睛”。“养鱼断不可用甜水。近河则用河水，不然即用极苦涩井水，取其不生虱。新泉水尤佳”。“子鱼初生，以鸡子煮熟，拧其黄于布上，摆于水中，子自知食之。及三四分大，不能食大虫，乃将虫置细绢罗内，于水面筛之，有小虫漏下者，与之食。至五六分大，则居然食虫矣”。拙园老人（1904）的《虫鱼雅集》中则有“出子时，盈千累万，至成形后，全在挑选，于万中选千,千中选百,百里拔十，方能得出色上好者”。由于饲养技术的发展，金鱼出现了一些前所未有的品种，包括墨龙睛、狮子头、望天龙、虎头和绒球等。

“中华民国”时期，社会动荡，金鱼这种纯粹可有可无的玩意儿照理是没什么市场的，事实上也确实没有多少人玩它。但是，遗传学的传播和在金鱼育种上的应用，给金鱼育种提供了强大的理论支持，使得金鱼的品种数量迅速增加。据许和编著的《金鱼丛谈》一书中记载，1935 年时仅上海就有各类金鱼 70 余种。但是抗日战争时期，由于战争的影响，一些金鱼品种因种鱼死亡或无人管理而消失了，抗战胜利后，全国总共仅有 40 个左右金鱼品种。

中华人民共和国成立后，金鱼饲养和育种得到了很快的恢复和发展，到 1958 年，金鱼品种数量已发展到 154 种。现在，金鱼饲养业已成为一个有数十亿元年产值的大产业，金鱼的品种数量发展到了近 300 种。表 1 是金鱼演化历史，对金鱼演化历史作一个简单的归纳。

表1　金鱼演化历史

年　代	事　件	养殖方式	品种演化进程
约 1 900 年前	偶见于睢水（《山海经》记述）	天然	野生红鲫鱼
公元 59 年，距今近 2 000 年	中国第一个佛教寺庙白马寺兴建，建放生池	天然	野生红鲫鱼
265—420 年	庐山西林寺见赤鲋	放生池中天养	野生红鲫鱼
756 年	建放生池 81 处，主要放生金鲫，家池出现	放生池及家池天养	金鲫

（续表）

年　代	事　件	养殖方式	品种演化进程
1127—1276 年	嘉杭地区“园亭遍养玩之”，家池养殖盛行，鱼缸出现，专业养殖者出现	家池及鱼缸，人工投喂	金鲫出现红色、银白、黑色，颜色分化开始
1368—1644 年	金鱼出现形态变异，盆养方式出现，世界第一部金鱼典籍《朱砂鱼谱》出版，后期金鱼开始走出国门	鱼缸和鱼盆，人工喂养管理，人工选种	金鱼品种分化开始，眼和鳍的特殊形态出现，有约 30 个品种
1644—1911 年	多部金鱼典籍出版，技术和鉴赏的理论同步发展；金鱼走出国门，成为世界性观赏鱼	鱼缸和鱼盆，人工喂养管理，人工选种，杂交技术的引进	头部肉瘤和绒球的出现，使金鱼品种出现新分支
1912—1949 年	遗传学在中国的传播及在金鱼育种上应用	鱼缸和鱼盆养殖为主	出现一些新品种，部分品种失传
1949 年至今	现代育种技术应用于金鱼育种	产业化大规模生产逐渐取代庭院经济模式	品种总数近 300 个，仍有新品种涌现

二、我国的金鱼文化

金鱼是世界上最早被宠养、被广泛普及、长久入时尚、家喻户晓的水生观赏动物，是人们进行鱼类育种的奇葩，是中国人民贡献给全世界的珍贵文化礼品。作为一种历史悠久的观赏动物，金鱼自然而然地衍生出丰富的文化内涵。

金鱼文化体现在多个方面：一是文学作品，比如咏金鱼的诗词歌赋、童话作品等；二是艺术作品，以金鱼为题材的美术作品、雕塑作品、邮票；三是日常生活用品，包括纺织品、刺绣作品、洗脸盆、首饰盒、饰物等；四是与金鱼有关的民风民俗，比如年画、剪纸、节庆活动等；五是养玩金鱼的传统，各地在养殖金鱼方面有各自的讲解和习惯；六是金鱼品鉴活动。这是金鱼文化的主要方面，作为有千年历史的国粹，金鱼文化当然不仅仅是上述 6 个方面，可以说，在生活的各个方面，都能发现金鱼的踪迹。

金鱼邮票

这是我国1980年发行的一套金鱼邮票，共12枚，选择了当时比较有代表性的12个金鱼品种。

自宋代至清代有很多与金鱼有关的诗词歌赋，比如宋代著名文学家苏轼的《与赵陈同过欧阳叔弼新治小斋戏作》：“江湖渺故国，风雨倾旧庐。东来三十年，愧此一束书。尺椽亦何有，而我常客居。羡君开此室，容膝真有余。拊床琴动摇，弄笔窗明虚。后夜龙作雨，天明雪填渠。（时方祷雨龙祠，作此句时星斗灿然，四更风雨大至，明日乃雪。）梦回闻剥啄，谁呼赵陈予。添丁走沽酒，通德起挽蔬。主孟当啖我，玉鳞金尾鱼。一醉忘其家，此身自蘧篨。”

北宋著名文学家范仲淹作《绛州园池》曰：“绛台使君府，亭阁参园圃。一泉西北来，群峰高下睹。池鱼或跃金，水帘长布雨。怪柏锁蛟虬，丑石斗貔虎。群花相倚笑，垂杨自由舞。静境合通仙，清阴不如暑。每与风月期，可无诗酒助。登临问民俗，依旧陶唐古。”此诗所述是绛州使君府的花园，其中的水池有流水、人造瀑布，养有金色的鱼（草金鱼或红鲤鱼都有可能），周围的环境有假山、怪栢、垂柳、群花等，情景感很强，其叙述的水池养鱼正与金鱼演化历史贴合。

清代乾隆皇帝收藏的一幅“水墨蝶尾”金鱼图，题有皇帝本人所作诗曰：“黄金成一片，雨过唼方池，相尔浮沉乐，如吾耍傲时，水声须拨刺，人影不惊疑，中有成龙者，腾空未可知。”

上面这些诗词只是咏金鱼古诗词中的一些代表作，能够从典籍中查到的有数十篇。“中华民国”以来咏金鱼的现代诗赋更多，具体数量无法统计，因为这个时期金鱼已经进入寻常百姓家，随时随地都可引人诗兴大发。

有关金鱼的文学作品中，还有几个著名的童话，如中国民间故事《渔童》，俄罗斯童话《渔夫和金鱼的故事》等。

金鱼的美术作品非常多，清代虚谷所作《紫藤金鱼图》最为著名，中国现代著名的画家多数都画过金鱼，还有一些画家甚至专门以金鱼为题材，画法包括国画、水彩、水墨、工笔等。

金鱼美术作品

这是我国一些现代画家的金鱼题材美术作品，是数以千计的金鱼题材作品中部分优秀之选。

我国日常生活用品、器具及纺织品等，金鱼常常被用作装饰图案。陶瓷产品，不论是艺术瓷还是日用瓷，金鱼图案比比皆是，相信大部分人都见过甚至用过。年画，多有鱼的图案，特别是“连年有余”“年年有余”题材的年画、窗花，鱼是必不可少的，这些鱼不是红鲤鱼就是金鱼。纺织品方面，金鱼图案广泛使用，被面、枕套、枕巾、衣物等，金鱼都是常见图案。

金鱼之所以在中国诞生而后培育成现在这个样子，之所以进入艺术和生活的各个领域，与我国的传统思想、理念有不可分割的联系。金鱼的名字代表着财富（金即财富）、富余（鱼与余谐音），是普通老百姓最基本的需求；金鱼最常见的体色是红色，在中国文化中代表着“红红火火”，是蓬勃兴旺的意思；金鱼不争斗，游泳缓慢、优雅，符合中国传统文化主体的儒家、佛教所提倡的平和、不争、去执着、中庸的思想，在一些古人看来，金鱼就代表着他们所追求的生活方式。

中华文化博大精深，数千年的文化传承和发展使中华文化成为人类有史以来内容最为丰富的文化，出现了一些其他种族或地域很少涉及或没有的文化，比如风水文化、茶文化、酒文化、园林文化、年俗等。金鱼文化也渗透到其他的文化当中，比如鱼池是苏州园林不可或缺的一部分，鱼池也是风水格局构建的一个要素。

传统的金鱼养殖是一项既有技术又有文化内涵的活动。

品评鉴赏是金鱼文化的一项核心内容。我国无疑是最早开始金鱼品鉴研究和活动的国家，每当有一个新品种诞生，相应的鉴赏研究和探讨就会随之而来。以清代姚元之所著《竹叶亭杂记》记述为代表：“满人宝五峰，著有养金鱼法，对于鉴别优劣，具有五个条件。一、身粗而匀，二、尾大而正，三、睛齐而对称，四、体正而圆，五、口团而阔。”照此看来，古人鉴赏评价金鱼是从形态着眼的。

自 20 世纪 80 年代中国金鱼饲养业复兴以来，金鱼品鉴蔚然成风，各种级别的金鱼选美比赛每年数十场，小规模的、爱好者的鉴赏评比随时随地都在发生，全国金鱼养殖者数百万人，赏玩金鱼已成为他们闲暇时间的主要活动。

2

金鱼的形态及其变异

金鱼的祖先为鲫（*Carassius auratus*），属于硬骨鱼纲（OSTEICHTHYES）鲤形目（CYPRINFORMES）鲤科（Cyprinidae）鲫属（*Carassius*）。

一、金鱼的形态

鱼是终生在水中生活的、以鳍为运动器官、以鳃呼吸、多数体被鳞片的脊椎动物，其中骨骼坚硬的、钙质化的为硬骨鱼类。

经过许多代的人工养殖和人工选择，金鱼发生了一些与其原型鱼——鲫不同的形态外观的变异，但并没有根本上的差别。

金鱼总体上由头、躯干、尾三个部分组成。

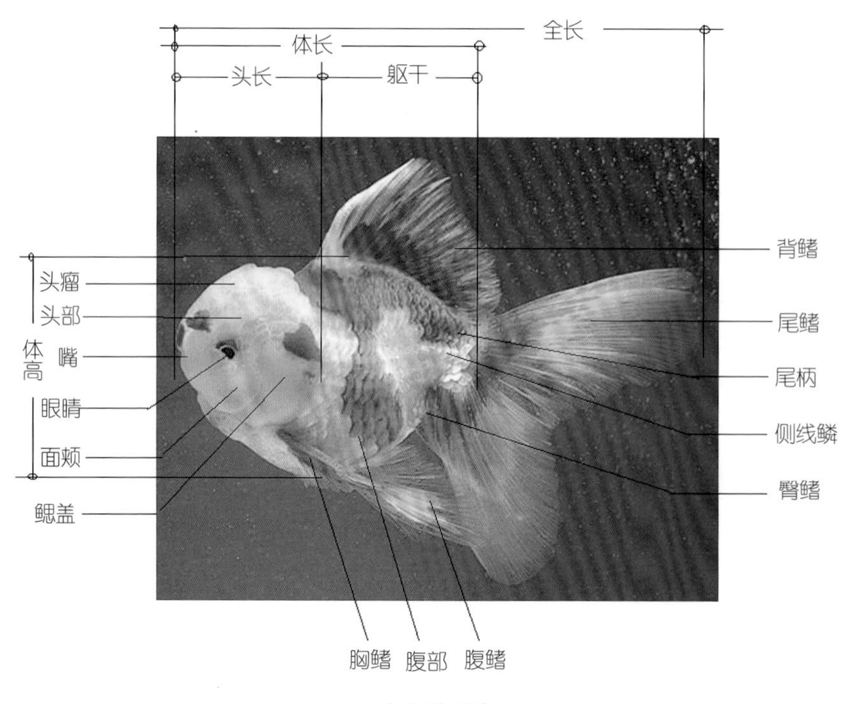

金鱼的形态

此图是一张模式图。除头瘤外，其他外部器官都是各金鱼品种均具有的。图中还展示了部分可测量性状的含义。

金鱼的外部器官包括口、眼、鼻、鳃盖、鳃盖膜、鳞片、侧线、胸鳍、腹鳍、背鳍、臀鳍、尾鳍。金鱼无外耳，但是有内耳，内耳中耳石的作用是感觉平衡。

口的功能是摄食和呼吸。金鱼的口小，无牙齿，没有唇齿或门齿，但是和多数鲤科鱼类一样，有咽齿，在口后部（咽部）。食物经过咽齿的咀嚼进入食道。口是金鱼的呼吸通道。水从口进入，经过鳃，再从鳃盖开口处排出体外，经过鳃时进行气体交换，将二氧化碳从鳃部的血液中排出，同时把水中的氧气吸收到血液中。

眼是鱼类的视觉器官。正常的金鱼有一双眼睛，中等大小，在头两侧的中部。金鱼的眼睛有一些变异，这些变异一般都是大小、形状或朝向的变异，视觉功能依然保持不变。

鱼的鼻一般是向外有开口而向内封闭的，只有嗅觉功能，不作为呼吸通道。金鱼也是如此。金鱼的鼻膜有时增生为“绣球”，有的品种头部强烈增生使鼻孔变得很不明显。

鳃盖是辅助呼吸的构造。硬骨鱼类都有鳃盖，鳃盖由每侧 2 片鳃盖骨、覆盖其上的皮肤、延伸至鳃盖骨后缘外的鳃盖膜组成。鳃盖和嘴共同完成呼吸动作：鱼嘴张开向口腔内吸水，此时鳃盖闭合，鳃盖膜紧贴身体，使水不倒流，然后鱼嘴闭合，口腔施压，鳃盖自然张开，水经过鳃部完成气体交换后，从鳃盖流出，一个呼吸过程完成。金鱼的鳃盖也有一些变异。

鳞片是鱼类体表起保护作用的组织，大多数的鱼类都有鳞片。金鱼的鳞片为圆鳞，向内的一面光滑，向外的一面由突起的鳞脊环绕鳞心形成轮纹。轮纹的疏密变化可作为判断金鱼年龄的依据。

鳞片固着于鳞囊中，鳞片露出于鳞囊之外的部分也有上皮组织覆盖。色素细胞主要分布在鳞片外及鳞囊外侧的上皮组织中，构成金鱼躯体的色彩。

有鳞片的硬骨鱼类都有侧线。在鱼身体两侧背部和腹部之间大约中心的位置，有一排特殊的鳞片，每片鳞片的纵向（前后方向）上都有一个微微凸起的短管，这些鳞片被称为侧线鳞。从躯干最前缘（鳃盖之后）一直到尾柄后缘的最后一枚鳞片（有时最后一枚鳞片上没有侧线孔）构成侧线。侧线是为躯干部位的神经系统接触外界而留下的“通道”，鱼通过侧线感觉水体的压力、水流的强度和方向。如果没有侧线，神经末梢和外界（水体）之间隔着一层鳞片，感觉会很迟钝。野生鲫鱼有 28~32 枚侧线鳞，而金鱼由于体形变短，侧线鳞只有 22~28 枚（多数 25 枚左右）。

鱼的鳍有 5 种，即胸鳍、腹鳍、背鳍、臀鳍、尾鳍，其中胸鳍、腹鳍各有 1

对，它们被称为偶鳍，相对地，背鳍、臀鳍、尾鳍被通称为奇鳍。鱼的鳍由真棘、假棘、不分枝鳍条、分枝鳍条中的 1~3 种与鳍间膜组成。鲤科鱼类都没有真棘。金鱼的背鳍前缘、臀鳍前缘有假棘，胸鳍和腹鳍的第一根鳍条及尾鳍外缘的鳍条为不分枝鳍条。鳍的功能主要是控制姿态和运动，有时还有作为自卫“武器”的功能。一般而言，胸鳍、腹鳍和背鳍的作用是控制姿态、调整方向、慢速运动及悬停，尾鳍的主要作用是推进。金鱼的尾鳍比鲫鱼长而软，推进作用明显削弱。由于生活环境狭小，长期的环境选择和人工选择使其自然的功能减弱，同时被赋予新的功能——美化。

以上是金鱼的外部形态，其身体的内部结构与野生鲫鱼及大多数硬骨鱼类没有太大差别。

金鱼的身体主要包含骨骼系统、肌肉系统、消化系统、循环系统、呼吸系统、生殖系统、神经系统、排泄系统、免疫系统、运动系统（实际相当于骨骼 + 肌肉 + 鳍）。

骨骼系统是支持身体的支架，是维持身体形态的根本，也是决定动物分类地位的关键因素之一。鱼的骨骼系统由头部骨骼、脊椎骨、肋骨、鳍基骨这几部分组成。脊椎骨一般接近直线形，数量不是固定的，因鱼的种类而异，也与鱼的形态有关，长条形的鱼类脊椎骨数量往往较多。野生鲫鱼的脊椎骨是直的，节数为 30 枚左右；金鱼的脊椎骨发生了愈合和弯曲，节数为 26 枚左右。

金鱼的消化系统包括口、咽齿、食道、肠道、肝胰脏、胆、肛门等。和其他鲤科鱼类一样，金鱼没有胃，消化过程是在肠道中完成的。金鱼的肠道细长，长度大约为体长的 5 倍，因此食物在肠道中停留的时间较长（24 小时左右），能够消化一些难消化的食物。金鱼的消化系统符合杂食性鱼类的特点。野生的杂食性鱼类通常是整天都在觅食，摄食一些零碎的食物。

金鱼的循环系统由心脏、动脉、静脉和血液组成，其心脏有 1 心室 1 心耳，血液由心脏泵出，经腹大动脉到入鳃动脉，血液进入鳃后经过鳃毛细血管进行气体交换，然后从出鳃动脉进入背大动脉，输往身体各部位。鱼的心脏重大约占体重的 1%，血量占体重的 3%，这两项指标比其他脊椎动物都低很多。鱼血液的红细胞是有核的，而哺乳动物和鸟类的红细胞都是无核的，这说明鱼的红细胞特异化程度不如哺乳动物。

金鱼的呼吸系统和循环系统紧密相连，不可分割。呼吸系统由口、鳃、鳃盖组成。金鱼有左右各 4 个鳃瓣，每个鳃瓣由一个弧形软骨即鳃弓支撑数十条鳃丝，每条鳃丝上有上百个鳃小片，鳃小片上的毛细血管内的血液与水体进行氧气和二氧化碳的交换。

金鱼的生殖系统比较简单，有生殖腺（卵巢或精巢）、输卵管或输精管、泄殖孔，以及与性激素分泌有关的脑下垂体。

金鱼的神经系统包括脑、神经索、感觉器官（眼睛、鼻、内耳、侧线）。鱼没有大脑，或者可以说鱼的脑不分大小脑，就是一个脑，是神经中枢，它的功能是接收感官感觉到的信号，经过简单处理，发出运动指令。鱼有一定的判断能力，但是没有思考能力、没有想象能力。

金鱼的排泄系统包括肾、尿道，以及与之相连接的血管。鱼的肾脏位于腹腔上壁。在鳔上方紧贴体腔壁、像瘀血一样的东西就是金鱼的肾脏。硬骨鱼类的肾是带状的，按位置和功能分为头肾、中肾和后肾，真正属于排泄器官的是后肾，头肾和中肾是它的免疫器官和造血器官。

鳔是鱼类特有的器官，不属于高等动物的“十大系统”，它的功能是控制鱼体的总比重，控制鱼在水中的升降。

二、金鱼的变异

金鱼的原型是鲫鱼，产生颜色变异之后出现红鲫鱼、金鲫鱼，出现形态变异之后，才出现真正意义上的金鱼。

金鱼在演化过程中，出现了很多变异，首先是颜色的变异，然后是形态上的变异。这些变异的颜色和形态，都是野生鱼类所没有的，因此在鱼类学研究论著当中，没有关于这些变异的称谓。而对于金鱼而言，这些变异是金鱼之所以作为金鱼的根本所在，也是金鱼种内分类的依据。

（一）体色的变异

红鲫鱼的出现，属于自然变异，是野生鲫鱼中的基因突变造成的。一些自然变异的红鲫鱼被人工畜养之后，因环境的改变，影响了基因突变的频率，使基因突变更频繁地发生，且在人为干预下保留并遗传下来的概率大幅度提高，这才逐渐出现了各式各样的金鱼。

金鱼的体色有红色、橙色、黄色、黑色、白色、银色、棕色、紫色（真正的紫色是有的，但极少，多数时候是错误地将咖啡色称为紫色）、蓝色（实际并无蓝色的鳞片，有些是黑色鳞片的折射效果，有些是五花金鱼透明鳞下的皮肤透射的效果）等单色，也有红白、红黑、黑白、五花、三色等复色型体色。

金鱼的色彩

这里展示的是金鱼的9种颜色：红、橙、黄、白、灰、三色、墨、紫（实际是咖啡色或棕色，但金鱼所谓的紫色就是指这种颜色）、蓝。金鱼还有其他颜色，比如五花（混合色）、红黑、黑白等。

（二）体形的变异

体形变短了。体形的变异是最早出现的变异之一，也是延续时间最长的变异。体形的变异是渐变式的而不是突变的。

从外表看，金鱼的体形比鲫鱼更短、更宽，鲫鱼是梭形微侧扁的体形，而金鱼是球形或蛋形的体形。鲫鱼的侧线鳞数是 28~32 枚，金鱼的侧线鳞是 25~27 枚，并且金鱼的侧线向上偏了，鲫鱼的侧线在体侧的中间，几乎在平分线上，侧线上下各 6 枚鳞片，而金鱼侧线上鳞为 5 枚，侧线下鳞为 7 枚。金鱼的脊椎骨有几节愈合，脊椎骨数比鲫鱼少了。而且金鱼的脊柱纵向弯曲，而鲫鱼的脊柱是直的。

体形的变异

此图显示金鱼体形变短的总体趋势。实际上变短之后的体形也有多种类型，如琉金的驼背形、珍珠鳞的球形、虎头的蛋形等。

（三）头部的变异

鱼的头部是指从最前端（多数是吻端，也可能是鼻端）到鳃盖后缘的部分，是感觉器官最集中的地方，口、眼、鼻、耳（鱼有内耳，无外耳，外表看不到耳，但其确实存在）都在头部，另外其他脊椎动物所没有的器官——鳃和鳃盖也在头部。金鱼头部的变异很多，其变异是金鱼分类的主要依据之一。

1. 头形的变异

鲫鱼或草金鱼的头部大致是等边三角形，微侧扁（宽度小于高度和长度），头顶明显从后往前倾斜。头形的一种变异是变宽，另一种变异是变短，吻部没有原来那么突出，好像缩回来了一样。

2. 头皮的变异

头部皮肤的变异方式是增生。原本鲫鱼头部的皮肤很薄，由表皮和真皮组成，而金鱼头部一些部位增生出了结缔组织，头顶增生呈菜花状或泡状，鳃盖、面颊的增生物外观如菜花状，是由较小的结缔组织小泡组成的。不同的部位增生形成了金鱼不同头型，头部皮肤无增生的谓之平头型，仅头顶有增生的称鹅头型，头顶和眼部以上皮肤均有增生而头顶增生更突出的称为高头型，整个头部增生皮肤的称为狮头型。

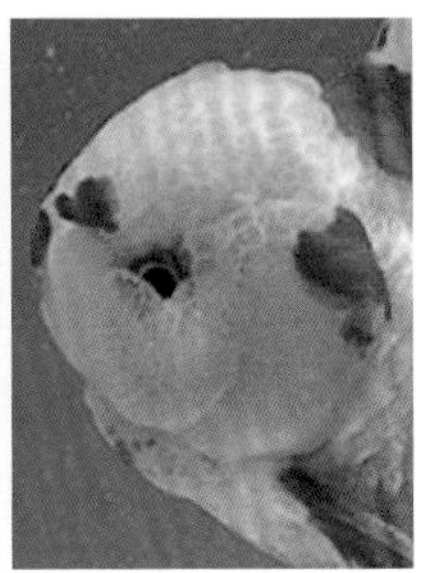

头皮的变异

图中所示4种头形分别是平头型、鹅头型（菜花状高头型）、皇冠头型（泡状高头）、狮头型。

3. 鼻膜的变异

普通鲫鱼的鼻膜大小和鼻孔差不多，微微突出，不很显眼；有些金鱼的鼻膜明显增生，如同球状的花朵或者绣球一般，其微细结构有些是膜状褶皱，有些是小泡的堆积。鼻膜的增生物称为绒球，在名称中带一个“球”字的品种，都是带有鼻膜增生绒球的。

4. 鳃盖的变异

此处不是指鳃盖表面皮肤的变异，而是指鳃盖的后缘缺了一块，把本应该被盖住的鳃暴露出一部分来，这种变异在其他鱼类中也有发生，是一种比较常见的畸形。金鱼的这种变异被保留下来，成为某些品种的分类特征，凡是有缺鳃变异的金鱼品种，名称里都带一个“鳃”字，或者说，名字里带一个“鳃”字的金鱼品种，代表这个品种具有缺鳃的特征，而非鳃部其他变异。这个变异现在越来越没有市场，因为鳃盖的裸露是一种残缺，一种对健康不利的畸变，而且鳃部裸露并不能带来任何美感。这种变异从来都没有被国外接受，将来在国内也会越来越少，如果某一天国内市场找不到带有这种变异的金鱼，也不必遗憾。

（四）眼睛的变异

眼睛是头部的一个器官，这里之所以把眼睛的变异从头部的变异中提出来，作为与头部变异并列的独立段落，是因为眼睛的变异太重要了。

人与人相遇的时候、人看动物的时候，首先看的就是对方的眼睛，我们看近距离金鱼的时候也常常是看它的眼睛。眼睛的变异是金鱼分类中高层次的分类依据，有些专家提出的金鱼分类系统把金鱼分为文族、蛋族和龙族，龙族的标志就是眼睛突出为龙睛，而且龙睛蝶尾也被认为是最具代表性的中国金鱼品种，所以，眼睛的变异是金鱼最重要的变异之一。

金鱼眼睛的变异形式主要有 4 种，即龙睛、朝天眼、水泡眼、葡萄眼。

龙睛的特点是眼球突出，至少一半突出于眼眶外，瞳孔的朝向与正常眼一样，眼球的直径比正常的眼睛大很多，有时眼球直径甚至比头长的一半还大。日本金鱼中眼球突出的品种叫做出目金，它的眼球径比龙睛小很多，仅比正常眼略微大一点而已。

朝天眼的眼球也是向外突出的，但它的瞳孔是朝上的，而且眼球径没有达到龙睛那么夸张的程度，只是比正常眼略微大一点。

水泡眼的眼球也是部分突出于眼眶之外，眼球及眼眶都是与正常眼一样大小，不过瞳孔像朝天眼一样，是朝上的。更重要的特点是，两只眼球下方各有一个囊袋状的突出，囊袋内容物为水，所以这个囊袋被称为水泡。水泡一般为猪腰形，不很饱满。

葡萄眼是几种变异中最不引人注目的，主要原因是它对金鱼的外观没有太大影响，在金鱼鉴赏中也不作为一项指标，因此几乎没有可以针对这种性状进行的品种选育。葡萄眼和正常眼一样大小，也不会突出于眼眶之外，它的特点是整个眼球都是黑的，好像没有瞳孔一样，但是从它的行为看，视力是正常的。葡萄眼较多发生在珍珠鳞品种，其他金鱼品种罕见此类眼型。

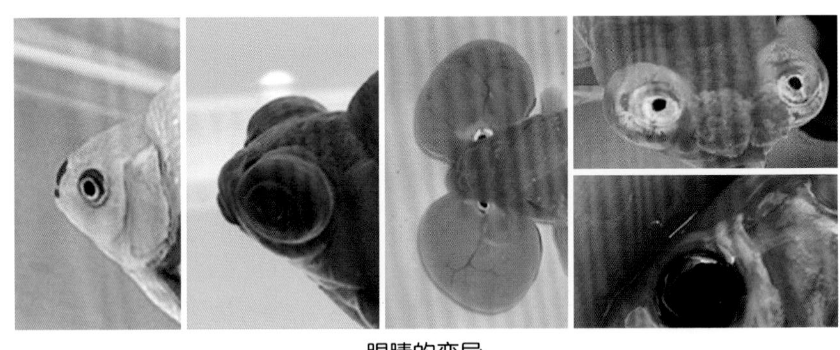

眼睛的变异

所示眼睛类型依次为：正常眼、龙睛、水泡眼、朝天眼、葡萄眼。

（五）鳍的变异

鳍的变异对于金鱼而言与头的变异及眼的变异一样重要，甚至在某种程度上比头部及眼睛的变异更重要。因为背鳍的有无是金鱼分类中最高层次的分类依据，没有背鳍的金鱼属于“蛋种”或“蛋族”，不管是在哪个分类系统中，蛋种或蛋族都属于最高层次的分支。

1. 背鳍的变异

金鱼的背鳍除了正常背鳍之外，有两种变异，一是消失，二是变长。

背鳍消失了，也就是无背鳍，这样的金鱼属于蛋族或蛋种。

背鳍变长的情况在少数金鱼品种出现，通常是所有鳍都变长的情况下，才会背鳍变长，没有出现过其他鳍比较短或与鲫鱼类似唯独背鳍变长的情况。

背鳍还有变短或者皮肤外的鳍条消失，但皮下仍然有残根并造成背鳍原来的位置隆起的情况，这些通常都被作为畸形而淘汰了。

2. 胸鳍的变异

金鱼有些品种胸鳍与鲫鱼没有差别，属于正常胸鳍，而变异的方式通常是变长。

3. 腹鳍的变异

与胸鳍的情况类似，变异的方式通常是变长，也有不变异的腹鳍。

4. 臀鳍

一般鱼（包括金鱼的祖先鲫鱼）的臀鳍是一排鳍条，排列在肛门与尾鳍之间，而金鱼有多种变异臀鳍，包括双臀鳍、无臀鳍、上单下双、缩小的单臀鳍。

5. 尾鳍

尾鳍的变异对于金鱼来说是非常重要的，虽然在分类系统中，与作为第一层次分类依据的背鳍变异及作为第二层次分类依据的眼睛形态无法相比，但是如果撇除尾鳍的因素，金鱼将远远没有现在这样多姿多彩，品种数将减少一半以上。另外，在鉴赏中，尾鳍的重要性远远超过前二者，尾鳍在一定程度上影响金鱼在形态、泳姿、整体感觉的得分。

尾鳍的变异很多，根据王春元（2000）的统计，中国金鱼的尾鳍有单尾、双尾、三尾、垂尾、扇尾、蝶尾、长尾、中长尾、短尾等不少于 9 种尾型，甚至再细分还有不少类型。而据日本金鱼专家吉田信行（2011）的观点，金鱼尾鳍有鲫尾、幡尾、心形尾、樱尾、三叶尾、鳍长四叶尾、小四叶尾、蝶尾、孔雀尾、反转尾、平付尾、四叶幡尾、短尾 ST、平纹尾 BT 等共 14 种尾型。

（六）鳞片的变异

鳞片有数量上的变异，实际上是体形变异的一方面，由于体形缩短，金鱼侧

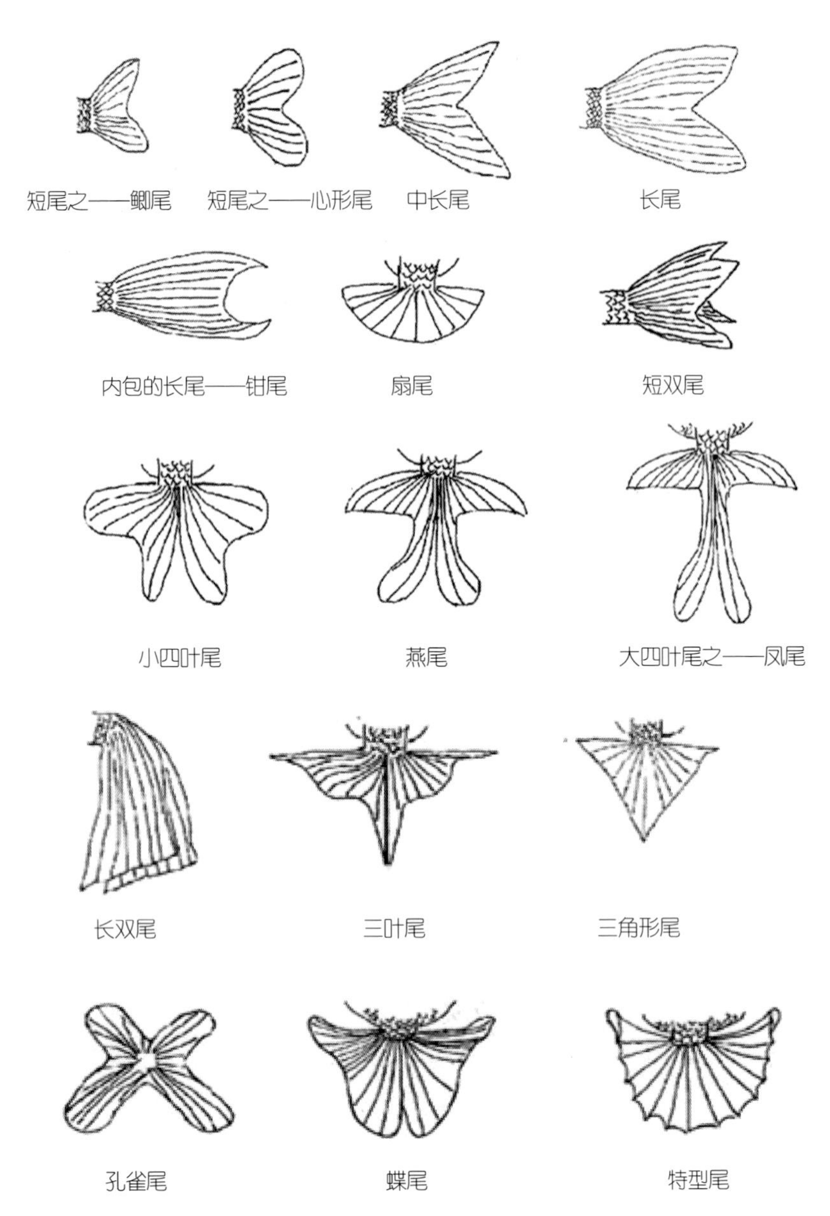

上述图示的16种尾鳍形态并不是金鱼尾鳍类型的全部，比如三叶尾还有其他几种形态，蝶尾也有其他形态。有些尾型在不同金鱼品种所表现出的形态会有一定的差别，所以尾型的数量很难确定。由于我们对金鱼尾鳍研究得还不透彻，关于尾型的分类是否科学尚不敢断定。笔者的观点是，尾型的分类应该可以设定两个层次，第一层次是按尾鳍叶数来划分，设单尾、双尾、三叶尾、四叶尾、特型尾，第二层次再按长短、形态特点确定尾型名称。

线鳞减少，全身的鳞片总数也减少了。

鳞片也有形态的变异，即珠鳞。珠鳞的形态如同纵向切开的半粒珍珠，是立体的，这是在天然的鱼类未曾有过的。珍珠鳞金鱼看上去就像全身镶嵌了珍珠。

三、金鱼形态学术语

头瘤——头部皮肤衍生特化而成的珠状或囊泡状隆起，其内部为结缔组织，非病变。

帽子——头顶部的头瘤。

狮头型——头瘤下包至眼以下的一种头型。

鹅头型——头瘤仅限于头顶的一种头型。

高头型——有两种不同的解释或观点：一种认为是鹅头型的别称；另一种认为此头型介于狮头与高头之间，即头瘤有明显下包，但未达到眼以下。

平头型——又称原头型，指头部皮肤没有特化，仍薄而平滑，有窄平头（真正的原始头型）和宽平头两种类型。

正常眼——与野生鲫鱼眼睛形态大小一样。由于金鱼眼睛多有特化，无特化的眼睛往往还需说明为正常眼。

龙眼——眼球膨大，部分突出于眼眶之外。

算珠龙眼——眼球特别膨大，突出眼眶之外的部分形状类似算盘珠。

葡萄眼——无瞳孔的眼睛。

朝天眼——眼球膨大，部分突出于眼眶之外，瞳孔朝上。

水泡眼——眼球和正常眼一样大小，眼眶比正常眼大，左右眼球下方眼眶各向外突出成一个水泡。

朝天泡眼——眼球突出，瞳孔向上，并且眼球下外侧带水泡。

珠鳞——形状类似纵向切开的半粒珍珠的鳞片，该鳞片有很强的立体感。

透明鳞——无色透明的鳞片，既无色素细胞也无反光组织。

五花——由透明鳞与红色、黑色、白色鳞片无规则混合的特殊体色。

单尾型——原始的尾型，与野生鲫鱼的尾鳍相似，该尾鳍处于头尾轴和腹背轴交叉的平面上。有些完全与野生鲫鱼大小形状相同，无特别称谓或称短单尾；有一种明显比野生鲫鱼的尾鳍长，称长尾型。

幡尾——单尾型的一种，比原始单尾长，上下末梢均内包。

双尾——分成左右两叶的尾鳍。

三叶尾——上部一叶、下部分为两叶的尾鳍。

四叶尾——左右两叶尾鳍，每叶中间再分叉，分叉口达到或几乎达到尾鳍基部。

小四叶尾——较短且相对挺直的四叶尾。

孔雀尾——四叶尾的一种，两叶向上两叶向下，相邻两叶几乎相互垂直，从后面看呈“十”字形，日本锦鲤中地金品种的特有尾型。

凤尾——四叶尾型的一种，又称长四叶尾。四叶尾鳍均较长，中间两叶较挺直，外侧两叶略短并下坠。

蝶尾——尾鳍左右展开如蝴蝶状，前缘末梢上翘或向前展开。

反转尾——尾鳍貌似一个整体，但各部分完全不在一个平面上，以尾柄为中心向四周伸展，向后伸直的部分较平直，向前的部分鳍条转向下方回转。日本锦鲤土佐金特有的尾型。

金鱼的分类、命名及主要品种

一、金鱼分类系统

金鱼有几种不同的分类体系，有的将其分为草金鱼、文族、龙族、蛋族 4 个族（李璞，1959；张绍华，1981）；有的撇除草金鱼而将其分为文族、龙族、蛋族 3 个族；有的将其分为 5 类，分别为金鲫种、文种、龙种、蛋种和龙（背）种（傅毅远，1981）；还有分为 13 类的（徐金生 等，1981）。王春元（2000）将金鱼分为草族、文族、蛋族 3 个族。笔者对此完全赞同，但是笔者不太赞同将形态完全相同的金鱼按颜色分为不同品种。虽然以前有不少金鱼专家习惯将颜色作为品种划分的依据，但是笔者依然认为品种的划分宜以形态为依据，分到形态无差异为止。当然，在生产和销售当中，区分不同颜色是必要的，这个可以用商业名称来表达，方法是在品种名称前面或加上颜色。

经典的鱼类分类一般根据鱼的形态和系统发生，其形态方面的依据按重要性依次为：骨骼系统、鳍和鳞片、其他体表器官，颜色斑纹一般不作为种的分类依据，有时作为亚种的分类依据。金鱼是人工培育品种。根据遗传学和系统发生理论，金鱼全部属于同一物种，现在广泛应用的分子生物学鉴定亲缘关系，也支持这一观点。所以，尽管金鱼发生了包括骨骼、鳍、体表器官形态的多种变异，仍然属于鲫（*Carassius auratus*）物种，只能在种以下进行分类。由于金鱼品种繁多，按照经典的鱼类形态分类办法及分类依据的重要性程度，依次为类、族、亚族、系、品种、亚品种。此处所谓亚品种又称商业品种，是一个品种按颜色细分所至，所有形态相同的金鱼不论其颜色如何皆属一个品种。

根据脊椎是否弯曲、脊椎前部的局部是否发生愈合和弯曲，分为金鲫类和金鱼类；金鱼按背鳍的有无分为文族和蛋族。文族分常眼文鱼亚族、龙眼文鱼亚族、泡眼文鱼亚族 3 个亚族，再分为 6 个系；蛋族分为常眼蛋鱼亚族、龙眼蛋鱼亚族、泡眼蛋鱼亚族 3 个亚族，再分为 7 个系。金鱼品系的分类简谱如下图。

按照这个分类系统，各系的名称和主要特征如下。

（一）金鲫类

此类只有草族—平头草亚族，特点是体形与鲫鱼没有明显差别，头形也无明显异化，依然是原始特征，分 2 个系。

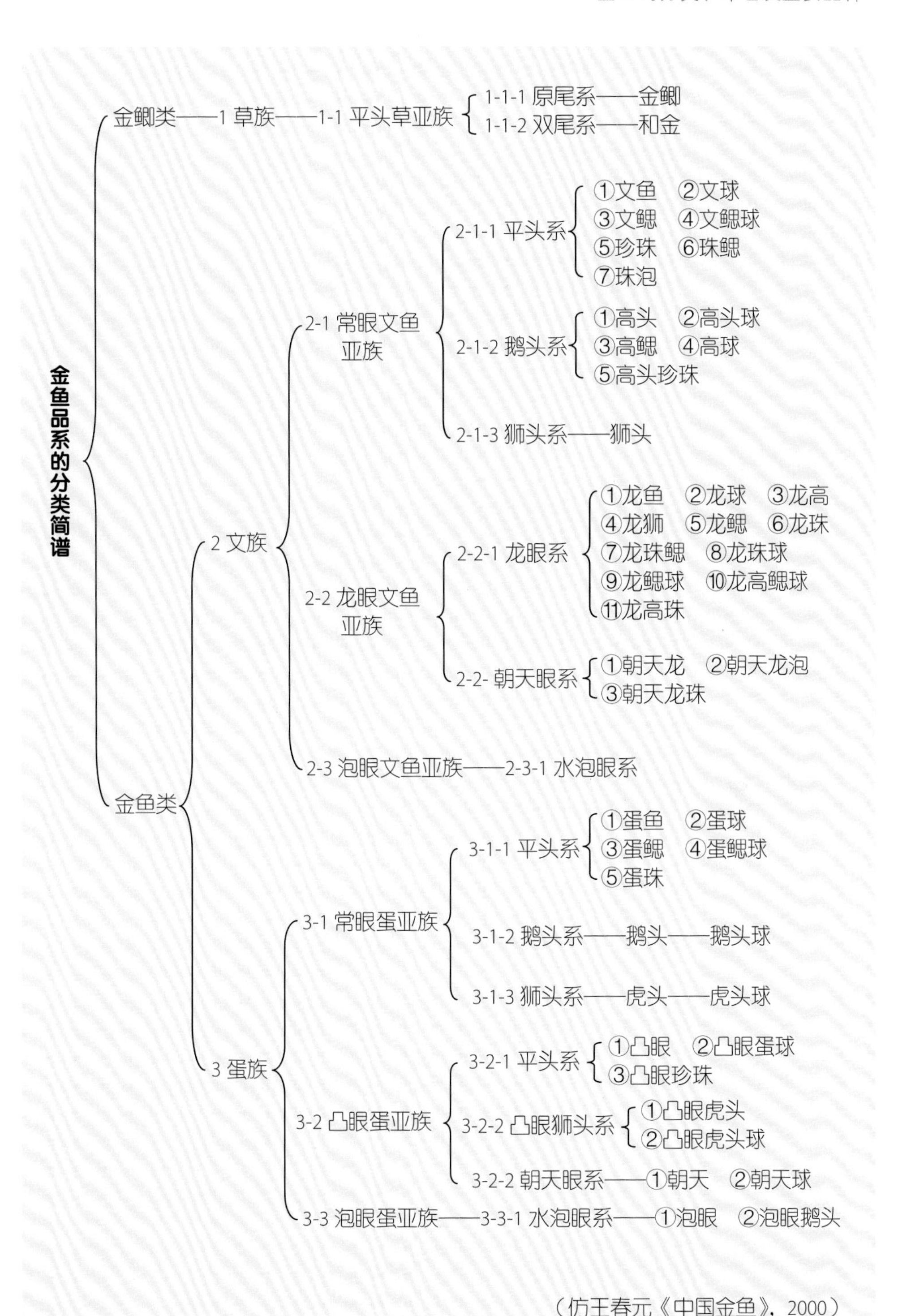
金鱼品系的分类简谱
金鲫类——1 草族——1-1 平头草亚族
1-1-1 原尾系——金鲫
1-1-2 双尾系——和金
金鱼类
2 文族
2-1 常眼文鱼亚族
2-1-1 平头系
①文鱼 ②文球
③文鳃 ④文鳃球
⑤珍珠 ⑥珠鳃
⑦珠泡
2-1-2 鹅头系
①高头 ②高头球
③高鳃 ④高球
⑤高头珍珠
2-1-3 狮头系——狮头
2-2 龙眼文鱼亚族
2-2-1 龙眼系
①龙鱼 ②龙球 ③龙高
④龙狮 ⑤龙鳃 ⑥龙珠
⑦龙珠鳃 ⑧龙珠球
⑨龙鳃球 ⑩龙高鳃球
⑪龙高珠
2-2- 朝天眼系
①朝天龙 ②朝天龙泡
③朝天龙珠
2-3 泡眼文鱼亚族——2-3-1 水泡眼系
3 蛋族
3-1 常眼蛋亚族
3-1-1 平头系
①蛋鱼 ②蛋球
③蛋鳃 ④蛋鳃球
⑤蛋珠
3-1-2 鹅头系——鹅头——鹅头球
3-1-3 狮头系——虎头——虎头球
3-2 凸眼蛋亚族
3-2-1 平头系
①凸眼 ②凸眼蛋球
③凸眼珍珠
3-2-2 凸眼狮头系
①凸眼虎头
②凸眼虎头球
3-2-2 朝天眼系——①朝天 ②朝天球
3-3 泡眼蛋亚族——3-3-1 水泡眼系——①泡眼 ②泡眼鹅头
（仿王春元《中国金鱼》，2000）

1. 金鲫系

特点：单尾鳍。

金鲫

2. 和金系

特点：双尾鳍。

和金

（二）文鱼类

文鱼类的特点是脊椎发生弯曲和愈合的畸变，躯体缩短，有正常的背鳍，尾鳍发达（不再是单尾）。文族分常眼文鱼亚族、龙眼文鱼亚族、泡眼文鱼亚族 3 个亚族。

1. 常眼文鱼亚族

常眼文鱼亚族的特点是眼睛为正常眼，属于该族的系有平头系、鹅头系、狮头系。

普通文鱼

（1）平头系

特点：头部皮肤无明显变异，依然是薄而平滑。

琉金是平头系文鱼的代表

（2）鹅头系

又称高头系。头顶部皮肤增生明显，如鹅头状，两侧鳃盖上皮肤薄而平滑。

五花高头

（3）狮头系

头顶和两侧鳃盖皮肤变异为厚厚的肉瘤状。

红白狮头

2. 龙眼文鱼亚族

龙眼文鱼亚族的特点是眼睛膨大突出，属于该族的系有龙眼系和朝天眼系。

（1）龙眼系

眼睛膨大并向两侧突出。

墨龙睛

（2）朝天眼系

眼睛膨大并突出，瞳孔朝上。

3. 泡眼文鱼亚族

泡眼文鱼亚族的特点是眼为水泡眼，属于该族的系为水泡眼系。

水泡眼系

眼为水泡眼，体形卵圆形，尾鳍多为双尾，较长。

（三）蛋鱼类

蛋鱼类最大特点是无背鳍，脊椎发生弯曲和愈合的畸变，躯干短，包括常眼蛋鱼亚族、龙眼蛋鱼亚族、泡眼蛋鱼亚族 3 个亚族。

1. 常眼蛋鱼亚族

常眼蛋鱼亚族的特点是眼睛为正常眼，属于该族的系有平头系、鹅头系、狮头系。

（1）平头系

头部皮肤无明显变异，依然是薄而平滑，是较原始的蛋族金鱼，代表性的品种有蛋鱼、蛋球、蛋鳃等。

（2）鹅头系

又称高头系。头顶部皮肤增生明显，如鹅头状，两侧鳃盖上皮肤薄而平滑，代表性的品种有鹅头红、鹅头球等。

（3）狮头系

头顶和两侧鳃盖皮肤变异为厚厚的肉瘤状，代表性品种有红虎头、日本兰寿等。

常眼蛋鱼狮头的代表——红白日本兰寿

2. 龙眼蛋鱼亚族

龙眼蛋鱼亚族的特点是眼睛为龙眼，属于该族的系有平头系、凸眼狮头系、朝天眼系。

（1）平头系

头部皮肤无明显变异（无肉瘤），代表品种有凸眼蛋球、凸眼珍珠等。

（2）凸眼狮头系

头为狮头型，代表品种有龙眼虎头、龙眼虎头球等。

（3）朝天眼系

眼为朝天眼型，头部无肉瘤，代表品种有朝天、朝天球等。

龙眼蛋鱼朝天眼的代表——红朝天绒球

3. 泡眼蛋鱼亚族

泡眼蛋鱼亚族，特点是眼为水泡眼型，属于该族的系有水泡眼系。

水泡眼系

该系代表种类有泡眼、泡眼鹅头等。

蛋族水泡眼的代表

二、金鱼品种的命名

金鱼至少在600年前就出现了品种分化，有了品种就自然需要命名。古人给金鱼命名讲究的是意境，名字很有艺术性，但是见到鱼之前你无法想象它的样子，“堆金砌玉、落花流水、隔断红尘、莲台八瓣”是什么样子的，你能想象吗?

另外，民间传统的命名还存在一物多名和一名多物的情况，容易造成混淆和争执，比如“红头虎头”“鹤顶红”“元宝红”“红运当头”其实是同一个金鱼品种。

金鱼品种现代的命名比较写实，注重反映品种的主要特征和类群，但是还没有形成统一的命名，根源还是分类系统没有统一，这有待全国的金鱼专家和行家共同努力，早日对分类系统和命名规则形成统一意见，并向社会推广实施。

根据中华人民共和国水产行业标准《热带观赏鱼命名规则》(SC/T 5052—2012)，一个热带观赏鱼品种或品系可以有一个专用商品名称，用于区别同属一个物种的不同自然种群或其他品种、品系。品种或品系商业名称的构成是：代表品种或品系特征的，或首创者赋予的修饰词 + 物种的商业名称。金鱼不属于热带鱼，但属于观赏鱼，热带观赏鱼命名规则可以作为参考。但是，由于金鱼在生物学上被认为是一个品种，它的物种商业名称就叫金鱼，如果只是在“金鱼”前面加上一个修饰词，显然不足以区分数百个不同的商业品种，也就是说，“物种的商业名称”这个层级太高，应该以分类系统最末端来代表。

笔者主张，金鱼名称应能反映鱼的族系、形态和色彩特征，同时，对一些已经得到共识的名称，即便是不能准确反映其形态特征和族系归属，也应保留或作为科学命名的旁注使用。

对于金鱼名称的结构，老一辈的金鱼专家、学者基本已经达成了共识，那就是：颜色 + 形态特征 + 族系。一些著名的种类，不需要说明而内行人已知其族系的，可以不再写入族系名，比如红虎头，不必写成红虎头蛋鱼，因为虎头和狮头的区别就在于前者是蛋族，而后者有正常的背鳍。而一些族系的基本种类，族系分类特征之外并无其他突出特征，可省略形态特征，比如五花文鱼、红白高头珍珠。

三、金鱼主要品种及其特征

（一）金鲫类

1. 金鲫

又称草金鱼，是最原始的金鱼，体形与普通鲫鱼几乎没有差别，特别是被称为“短尾金鲫”的品种，体形与普通食用的鲫鱼看不出差异，而长尾型金鲫头部及躯干也与普通鲫鱼无异，尾鳍则比普通鲫鱼长 1~2 倍，甚至尾鳍的形态也有些变异。金鲫之所以被算作金鱼的一类，是因为体色的变异。金鲫的体色有红色、白色、黑色、红白色、红黑色、黑白色、五花色、灰蓝色等。金鲫的红色与红鲫鱼不同，金鲫的鳞片反光度高。

短尾金鲫

2. 和金

体形与金鲫类似，优秀的个体体高比金鲫略高，双尾型，体色有红色、白色、红白色、黑色、红黑色等。

红白和金

（二）文鱼类

1. 文鱼

脊椎弯曲、前部部分脊椎骨愈合，体形短圆，平头，正常眼，各鳍发达，体色以全红色、红白色最为常见。

2. 文球

鼻膜演化增生成绒球，其余与文鱼相同。

3. 珍珠鳞

身体球形，平头型，正常眼，全身被珠鳞，正常的背鳍，尾鳍为双尾或四尾，是珍珠鳞类的“基本型”。有一种高头型的珍珠鳞，头顶有肉瘤（帽子），称为皇冠珍珠或高头珍珠。另外还有龙睛珍珠、龙睛皇冠珍珠等品种。

黄身黑尾皇冠珍珠

4. 琉金

体形短而高，背部隆起明显，后腹部圆，体高与体长相当，优质个体甚至体高大于体长，头部小而尖，正常眼，尾鳍一般为双尾，分为短尾、长尾、宽尾等小品种。该品种由日本选育完成。

红白长尾琉金

5. 鹤顶红

鹤顶红

规范的名称应该叫“白身红高头”，体形近似卵圆形，前大后小，正常眼，头顶红色菜花状帽子，身体及各鳍均为银白色，尾型一般为长的双尾。也有蝶尾型的被单独列为一个品种，成为“鹤顶红蝶尾”。该品种是中国金鱼市场销量最大的品种之一。

6. 红高头

体形、头型、尾鳍等均与鹤顶红一样，唯独体色不同，该鱼全身红色。

7. 狮头

红白狮头

体形近似卵圆形，正常眼，头型为狮头型，面颊（鳃盖）部的肉瘤与头顶一样发达，各鳍发达，尾鳍一般比较长，因头部和身体颜色的不同组合而分成许多小品种，包括红狮头、黑狮头、黄狮头、红白狮头、红黑狮头、红头白狮头、黄头红狮头等。该品种是中国金鱼市场销量最大的品种之一。

8. 龙睛蝶尾

属文鱼族龙眼文鱼亚族龙眼系。该鱼既是龙睛类的典型代表又是蝶尾类的典型代表。体形短而高，平头型，眼为龙眼，各鳍发达，尾鳍为蝶尾型，根据颜色分多个小品种，包括墨龙睛蝶尾、红龙睛蝶尾、蓝龙睛蝶尾、红黑龙睛蝶尾、红白龙睛蝶尾、熊猫龙睛蝶尾、三色龙睛蝶尾、十二红龙睛蝶尾等。龙眼蝶尾被很多专家认为是中国金鱼的正宗代表，国内市场销量最大的品种之一。

龙睛蝶尾

9. 朝天龙

属文鱼族龙眼文鱼亚族朝天眼系，体形近似卵圆形，各鳍发达，尾鳍一般比较长。现在这种有背鳍的朝天眼在市场上很难见到。

10. 水泡眼

属文鱼族龙眼文鱼亚族水泡眼系，眼为水泡眼，体形卵圆形，各鳍发达，尾鳍多为双尾，较长，有红色、白色、黑色、黄色、蓝色、红白色、红黑色、五花色等多种颜色。

（三）蛋鱼类

1. 鹅头红

属蛋鱼族常眼蛋鱼亚族鹅头系，体形卵圆形，正常眼，无背鳍，头为鹅头型，红帽子银白身体的即称为鹅头红。该形态其他颜色的品种称为红鹅头蛋鱼、黄鹅头蛋鱼等。鹅头红是著名的中国金鱼品种，但市场上不多见。

2. 虎头

又名寿星，属蛋鱼族常眼蛋鱼亚族虎头系，体形卵圆形，头为狮头型，头瘤特别发达，正常眼，无背鳍，尾鳍为双尾型，一般中偏短，个别小品种为长尾。有红色、白色、紫色、墨色、五花色等多种颜色，最著名的为红虎头，最受普通爱好者喜爱的是红头（银身）虎头。

红白虎头

3. 兰鱼寿

日本金鱼著名品种，近 10 多年来在我国非常流行，一度被国内业者称为“日本寿星”。与虎头外形相像，但头瘤不及虎头发达，尾柄末端连带尾鳍上翘，这一点比虎头平直的尾柄更好看，使整条鱼头尾更加平衡，所以该品种在我国的市场占有量已远远超过虎头。

三色兰寿

4. 朝天球

属蛋鱼族龙眼蛋鱼亚族朝天系，体形卵圆形，鼻膜演化为绣球，眼为朝天眼，无背鳍，尾鳍为双尾或四尾，一般为长形。

墨朝天绒球

5. 泡眼

属蛋鱼族泡眼蛋鱼亚族泡眼系，体形卵圆形，眼为泡眼型，无背鳍，尾鳍为双尾或四尾，一般为长形。

朝天眼和泡眼在文族和蛋族中都有，而目前这两种眼型的金鱼以蛋族为主流，而相反地，龙眼型的主流在文族。

蛋鱼族泡眼蛋鱼亚族泡眼系，尾鳍为裙状长双尾

4

金鱼的鉴赏

从金鱼出现形态变异开始，金鱼的鉴赏就开始有了讲究，就有人研究和探讨。古人鉴赏评价金鱼是从形态着眼的，而且是比较笼统的概念性的描述，没有量化标准，也没有色泽方面的标准，现代的金鱼鉴赏、品评更加细致而全面。

鉴赏在一定程度上是审美观、审美水平的体现，与社会文化有不可分割的联系，同时，对金鱼的鉴赏也反映了鉴赏者对金鱼的熟悉了解程度。所以，不同的国家、不同的民族、不同的文化背景，衍生出不同的金鱼鉴赏标准和审美取向。

另外，金鱼现存品种有 200 多个，即便仅按形态划分也有数十个类型，因此，金鱼的鉴赏并没有一个放之四海而皆准的统一标准。但是，从哪些方面去鉴赏金鱼还是有共识的。

金鱼的鉴赏一般包括形态、色泽、泳姿、品种特质、状态等方面，不同文化背景下、不同品种可能各有侧重。

一、赛会评比规则

美国金鱼协会金鱼评比标准，采用各部比例均等评分数，以无背鳍水泡眼金鱼为例：体形 20 分、颜色 20 分、鳍 20 分、特质（水泡发育及比例）20 分、举止状态 20 分。评比标准还列出该品种的形态特征要求：鱼体呈蛋形，无背鳍；体高为体长的 3/8~5/8；尾鳍双叶呈弧形，而且至少有 90% 彼此分开，其长度为体长的 1/3~3/4；胸、腹鳍要圆滑，形状、外观与尾鳍和谐统一。该鱼的特色是具有悬浮于眼侧充满液体的水泡囊，其大小应与整体相称。身被金属色泽鳞片、半透明鳞片或软鳞。金属色鳞有橘色、红白色、白色、黑色、古铜色和蓝色等；半透明色鳞片可为双色、三色、深红色或五花色；软鳞则为紫色、双色或三色。形态性状完全符合要求可得满分，不及要求则酌情减分。其他品种评分类似，其形态特征要求相应不同。

英国全英金鱼评比标准基本与美国相同，也采用通用均分模式，附注品种形态特征要求。其分数为：体形 20 分、颜色 20 分、鳍 20 分、特质 20 分、状态风度 20 分。对具体品种有细分，如状态风度项目下再分状态 10 分、风度 10 分，余之类推。

日本金鱼评分更细，对鱼的年龄、大小都有规定，然后也有评分要点，如总体外观包括姿态平衡、健壮力量、鳞片序列与颜色、品质高贵、游姿优雅程度等。各部细节包括头部特征、背部形态、腹背尾的链接要求、尾柄、尾鳍叶形、鳍状等。

我国目前无官方或行业协会公布的通用标准，通常每一个金鱼比赛有各自的评分标准，而且不同品种可能侧重点还有所差别。我国通常的金鱼鉴赏标准也包括形态、色泽、泳姿、品种特质、状态这 5 个元素，但是有不同的表达方式，而“状态”方面有时并不单列为一个独立的指标，因为“状态”可以通过色泽和泳姿来体现，有时候会把“珍稀程度”或者“培育难度”“创造性元素”列为一个指标，这其实反映了中国文化的特点，代表中国人与西方人观念的不同。表 2 XX 金鱼比赛评分表是大约 10 年前某直辖市休闲水族展览会的金鱼比赛评分表，其中权重最大的指标就是“珍稀度和整体感觉”，一定程度上反映了我们中国人对创新、新奇的重视，正是有这样的近乎本能的执着理念，使我国人民先后创造了差不多 500 个金鱼品种，比其他国家金鱼品种的总和还多十几倍。

表 2、表 3 是国内不同地区不同机构组织的观赏鱼比赛中采用的金鱼评分表，可以给读者对金鱼品评鉴赏做一个参考。

表 2　XX 休闲水族展览会金鱼比赛评分表

序号	形态（20 分）	颜色（20 分）	泳姿（10 分）	品种特征（20 分）	珍稀度和整体感觉（30 分）	总分（100 分）
1						
2						
3						
4						
5						
6						
7						
8						
9						
10						

评审签名:　　　　　　　　　　　　　　　　年　　月　　日

表3　金鱼评分表（鹤顶红组）

编号：

分项（分数）	品种特征	参数鱼编号 / 得分				
		1	2	3	4	5
体形（20分）	体形均衡匀称、肥满度适中（10分）					
	鳞片完整无损、无再生、光泽整齐（10分）					
色泽（25分）	纯正鲜明（10分）					
	色彩均匀（5分）					
	色泽光润（5分）					
	特色（5分）					
姿态（10分）	游动姿态优美动人（3分）					
	活动时鳍条舒展、伸缩自如（3分）					
	静伏时平稳安详、沉浮自若（2分）					
	双眼明亮有神（2分）					
鳍（15分）	各鳍完整、比例适度（10分）					
	尾鳍对称、夹角合理（5分）					
品种特征（25分）	全身洁白莹亮，头顶肉瘤鲜红、方正（10分）					
	鳃盖平滑或肉瘤发达（8分）					
	背鳍整齐挺拔，尾鳍长宽舒展（7分）					
附加（5分）	独特、特大、新品、第一印象、生长潜力等（5分）					
总分	100分					

评审签名：　　　　　　　　　　　　　　　　　　　　　　年　　月　　日

第一张表评分项有5项，与国内、国际常见的金鱼评分元素相差不大，5个元素的评分权重不一样，珍稀度和整体感觉是权重最大的一项（30分），因此这个评分结果更能反映金鱼的市场价值。同时，评委的自由度、主观性较大，评分的差别更能反映评委个人的鉴赏水平。

第二张表是国内另一个观赏鱼比赛金鱼鹤顶红组的评分表，与第一张评分表相比，评分标准更加细化，评委个人感觉的权重减小，客观性增强，有利于减少争议，这基本上能代表我国金鱼鉴赏、评比的发展趋势。

在比赛金鱼的展示方式上，世界上虽没有统一的标准，但基本都采用长方形玻璃水族缸，而国内则玻璃水族缸和瓷器金鱼缸两种方式并存。

上海国际休闲水族展览会金鱼比赛和展示场地

二、主要门类特征和鉴赏

金鱼鉴赏不同品种有不同的侧重点和品种特征，但是不可能 200 个金鱼品种设 200 个鉴赏标准，因此基本上正规的比赛都分成几个大组，如狮头组、蝶尾组、龙睛组、琉金组、兰寿组、寿星组、珍珠鳞组、水泡组等。有时蝶尾和龙睛是一个组，因为目前蝶尾类的主要代表品种是龙睛蝶尾，尽管其他类别也有尾型为蝶尾的；龙睛类的主要代表品种是也是龙睛蝶尾，尽管龙睛类也有其他尾型的。下面具体介绍各个常见组别的品种特征和评判取向。

1. 狮头组

头型为狮头型且有正常背鳍的金鱼属于狮头组，蛋鱼类（无背鳍）也有头型为狮头型的品种，在我国一般将其称为“虎头”或寿星，不属于狮头组。

狮头组最重要的特征是头型，头瘤要大、均匀、左右对称，头顶和面颊之间浑然一体、没有明显的下凹，组成头瘤的小泡大小接近、饱满，头瘤的颜色鲜艳、自然、干净，头瘤和身体颜色有明显区别的可以加分。另外，本组在泳姿和体形方面要注意头尾的平衡，头重脚轻的情况太明显则减分。

红白狮头

此红白狮头的头瘤饱满，甚至达到遮蔽眼睛的程度。

红狮头俯视

此红狮头比例比较匀称。

红白狮头

此红白狮头的头瘤清晰匀称，最出彩之处是其色彩。

玉印红狮头

此玉印红狮头的头瘤仍在发育中，尚未达到最饱满的程度，但其晶莹的玉顶与红白相间的尾鳍相互呼应，躯干的红色特别鲜艳浓郁，色彩搭配是其最大亮点。

2. 蝶尾组

具备蝶尾型尾鳍的金鱼可归入本组，但是通常本组的参赛品种全是龙睛蝶尾，这是因为龙睛蝶尾的尾鳍最大，最能表现蝶尾的优美，而其他具有蝶尾型尾鳍的品种尾鳍一般没有这么大（与身体的比例而言），或者其他特征比尾鳍更重要、更引人注目。另外，由于泳姿主要是通过尾鳍来表现，所以尾鳍对总体评价的影响是决定性的。

蝶尾最重要的品种特征和鉴赏点是尾鳍，蝶尾金鱼的尾鳍要求大、对称、比例恰当、优美，具体地说，大是指越大越好，蝶尾的大，不仅仅是向后延伸的长度，更要求向前伸展的幅度。一般的尾型都是向后和两侧延展的，而蝶尾的特点是有明显向前的延展，前缘平直的“三角蝶尾”虽然也属于蝶尾，但如果参加蝶尾组的比赛，丝毫都没有获胜的希望。顶级的蝶尾，向前延展的幅度至少能达到向后延伸幅度的 1/2。另外，大也包括尾鳍和身体的比例关系，即尾鳍的宽度（指横向总跨度）一般应该达到躯体宽度的 2 倍以上，而尾鳍总长度（前后跨度）应该接近甚至超过躯干长度。所谓比例恰当，是指尾鳍宽度和前后跨度之间的比例，根据水产行业标准《金鱼分级　蝶尾》（SC/T 5704—2016），蝶尾尾鳍前后跨度和尾鳍宽度之比值为 1.90~2.10 的最佳，高于或低于这个比值都要稍逊。优美主要指尾鳍运动时的波浪纹及尾鳍边缘的曲线。

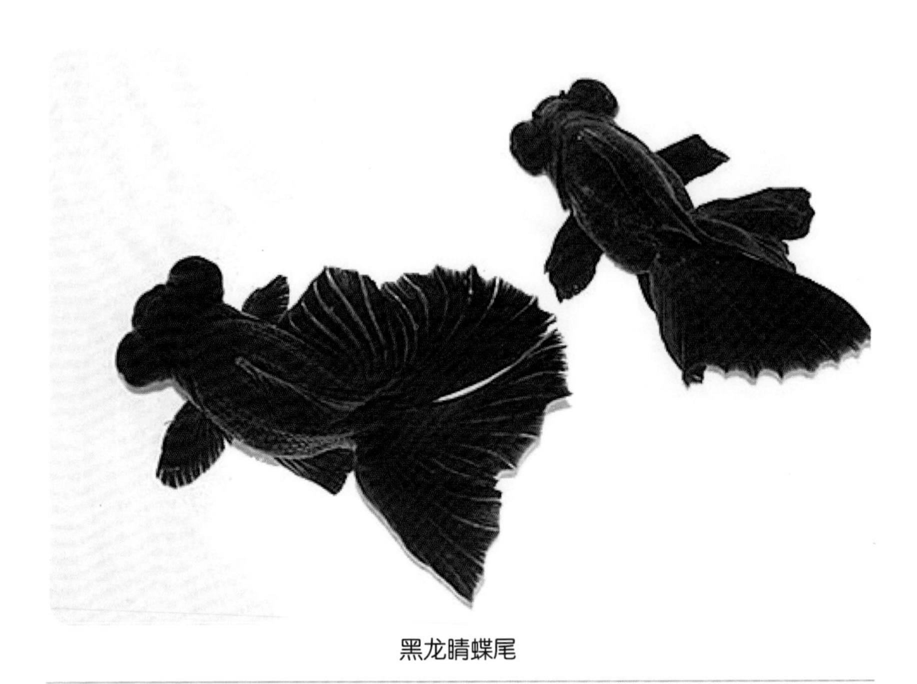

黑龙睛蝶尾

黑龙睛蝶尾是蝶尾型中最负盛名的分支。

三色龙睛蝶尾

这一尾三色龙睛蝶尾虽然尾鳍不是特别大，比三角蝶尾略大而已，但是色彩搭配为其增色不少。

黄色龙睛蝶尾

这一尾黄色龙睛蝶尾虽然尾鳍不是特别大，但是眼睛够大，关键是明黄色的体色比较少见，而尾鳍边缘的一轮白边是其以色取胜的关键。

黑白龙睛蝶尾

又被称为熊猫蝶尾，具有独特的水墨画一般的风格，已成为蝶尾中的独特分支品种。

十二红龙睛蝶尾

独特之处在于其色彩，除了身体是银白色的，各个突出来的部位都是红色的。

3. 龙睛组

眼型为龙眼型的金鱼品种属于本组，而如果一项比赛中设有蝶尾组，龙睛蝶尾通常都不会作为龙睛组的品种参赛，因为该品种最重要的看点是尾鳍。龙睛有文族和蛋族很多不同体形、不同尾鳍的品种，而这个组的评审标准，形态、色泽、泳姿、品种特质、珍稀度这 5 个元素的权重基本相等，品种特质方面，重点当然是眼睛。

龙睛组品种特质要求是眼睛大、圆、对称。大主要指眼球直径大，突出的程度还在其次。眼径达到头长的 1/2 才算够大，这个比例要比日本的出目金大得多。圆是指从瞳孔所对的方向看，眼睛应该是以瞳孔为中心的圆形。对称指两只眼睛不但大小一致，朝向也对称。

黑金凤尾龙睛

眼睛是品鉴的重点，独特的凤尾也是一大看点。

五花短尾龙睛

品种特征是龙眼、短身、短尾，眼睛是品鉴的重点，同时也要求身体越短肥越好。此鱼曾获龙睛组冠军，获奖原因除眼睛和体形优异之外，特别的色彩也是为其加分的因素。

黑短尾龙睛

曾获龙睛组冠军，获奖原因是眼睛和体形几近完美。

白中长尾龙睛

此鱼眼睛和体形优异，身体和鳍的颜色搭配相得益彰，为其增色不少。此鱼也曾在比赛中获奖。

4. 高头组

头部肉瘤不下包至眼睛以下的称为高头。实际上，高头大致代表有两种头型，一种是只有头顶有肉瘤，即帽子，这种头型也称为鹅头型；另一种是不但头顶有肉瘤，肉瘤还下包至眼睛上缘，这是狭义的高头型。在竞赛分组当中，这两种头型一般都属于高头组。

高头组的品鉴标准与狮头组类似，大的评价元素包括形态、色泽、泳姿、品种特质、珍稀度这 5 个，而品种特质应该是这 5 个方面中权重最大的，因为当一尾高头金鱼展现在眼前时，最引人注目的是它的头。

好的高头头型要大、高、均匀、左右对称。大是指帽子的宽度和长度越大越好，就帽子本身而言是如此，当然如果帽子过大，过于沉重，造成严重的“头重脚轻”影响身体平衡的话，会影响泳姿方面的得分。高是指帽子整体越高越好。均匀是指组成帽子（头瘤）的小泡大小接近、饱满，帽子顶部弧线流畅自然，而不是某一点特别突起；头瘤的颜色鲜艳、自然、干净，头瘤和身体颜色有明显区别的可以加分。对于鹅头型而言，帽子的下部应该明显内收，与面颊之间有明显的界线，而高头型没有这样的要求。

鹤顶红

鹤顶红是高头的代表，也是最普及的金鱼品种之一。鹤顶红全身银白，头顶的帽子则完全是鲜红色，品鉴指标首先是帽子大、高、均匀、左右对称，其次是颜色界线清晰，其他指标包括体形、鳍、泳姿等也需综合考虑。

红白高头

红白高头也是常见的高头品种。相对而言，帽子的重要性在其鉴赏中似乎没有鹤顶红突出，或许是因为红白高头的体色兼有红白二色，使帽子没有那么抢眼。

五花高头

五花高头也是常见的高头品种。帽子的颜色和头部及身体的颜色几乎没有界线，使帽子没有那么抢眼，在品鉴中，帽子的权重因此也没有那么大。

蓝高头

蓝高头是比较少见的高头品种。帽子的颜色和头部及身体的颜色一样，而且不是单一的纯净蓝色，也不是色块界线分明的花色，因此帽子不是很抢分。这尾蓝高头能在金鱼大赛出现，恰恰说明蓝高头的稀有。

红黑高头

红黑高头并非特别稀有，稀有的是这尾高头金鱼的帽子，身体是红黑二色，帽子却是红白二色，而且帽子的白色和红色两种颜色交错，却又界线分明，实属罕见。与前面4尾高头不同的是，这一尾高头不是“鹅头型”的，它的帽子有一些下包，只是还没越过眼睛罢了。

5. 兰寿组

兰寿是日本金鱼名种，如今在我国有很高的市场占有率，因此国内多数金鱼比赛都会设置这个组别，它的主要特征是狮头、蛋身（无背鳍）、翘尾。

大的评价元素包括整体感觉、泳姿、色泽、形态、品种特质这 5 个，一般这 5 个方面的权重是平均的，并不特别强调哪一个元素。但是实际上，整体感觉方面是很多评委对于兰寿的品鉴最注重的；泳姿方面各尾鱼往往难分高下；色泽方面除非有鲜明特色，比如头瘤与身体不同色而且界线分明，或者各鳍与身体不同色，否则，只要鱼健康，也很难区分哪个颜色更好；形态方面强调的是整体协调性，实际上与整体感觉有雷同之处；品种特质方面，兰寿的头并不是越大越好，而是强调匀称、小泡均匀、紧密。其余躯干方面要求短、高而肥，但是不要求达到球形的程度，而是强调与头部的协调。尾鳍上翘是兰寿区别于中国寿星金鱼的关键性特征，但是个体之间没有明显的差别，有区别的是尾柄，兰寿的尾柄越粗壮越好。

黄头银身三色兰寿

这不是一个品种的名称，因为这样的色彩搭配比较少见，没有多到可以作为一个小品种。因此，从名字就能看出，这尾兰寿金鱼是比较罕见的类型，其色彩鲜明，头形饱满，体形极度丰满，确为上等之选。

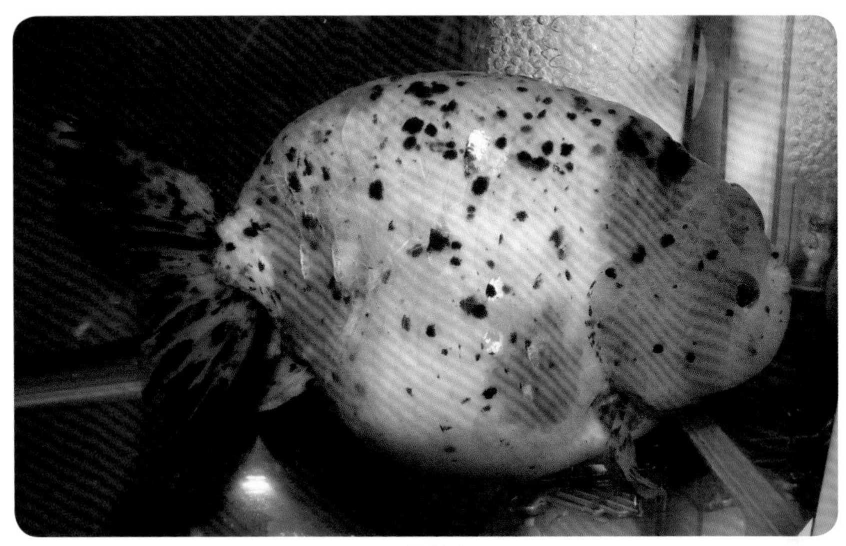

五花兰寿

这一尾五花兰寿能在比赛中获奖，充分体现了日本兰寿和中国寿星金鱼的不同要求：头瘤虽不是特别发达，但体形硕大、极度丰满，如同一个移动的大鸭蛋。

红兰寿头瘤

这尾红兰寿头瘤比较发达，体形硕大，极其丰满，尾鳍的一轮黑边为其增色。

五花兰寿

同样是五花兰寿，这一尾与那尾大相径庭，颜色表现完全不能同日而语，只是这尾五花兰寿还在幼年，个体不够大，它的未来还存在不确定性。

兰寿

这三尾兰寿，出自上海休闲水族展览会的同一只鱼缸，都是参赛鱼。三尾鱼的头瘤发达程度不同，体形大小不同，身体肥满程度不一，颜色也不相同，但三尾都属一流品质，这说明，兰寿的品质包含多个方面，而不是特别强调哪一个指标。

6. 寿星组

寿星金鱼又名虎头，代表品种为红虎头、黑虎头等，属于蛋族常用亚族狮头系，归入该组的还有凸眼虎头品种等。该组品种的共同特征是无背鳍，头型为狮头型。

寿星金鱼与狮头金鱼的区别：狮头金鱼是文族的，有背鳍，而寿星金鱼无背鳍。

寿星金鱼与日本兰寿金鱼比较相似，都是无背鳍狮头型，主要区别是寿星金鱼的尾柄平直，尾鳍不上翘，而日本兰寿金鱼尾柄末端上翘，尾鳍上叶也向上展开。

寿星金鱼的品鉴标准与狮头组基本类似，大的评价元素包括形态、色泽、泳姿、品种特质、珍稀度这 5 个，而品质特质应该是这 5 个方面中权重最大的。该组的品种特质主要看头和背部，头越大越好，通常头的宽度大于体宽，头瘤最高处必须大于背部最高点，头瘤要紧密而匀称，背部浅弧形，线条流畅，不可有背鳍残痕。需要特别指出的是，寿星金鱼的头瘤明显比日本兰寿的大。

红寿星（虎头）

这是一尾带一点白色斑纹的红寿星（虎头），头瘤特别发达，是优秀的寿星金鱼最重要的特质。与日本兰寿相比，中国寿星金鱼的躯体或许没那么粗壮，但日本兰寿的头瘤远远比不上中国寿星金鱼那么发达。

7. 珍珠鳞组

具有珠鳞的金鱼都可归入本组。虽然具有珠鳞的金鱼品种有文族的珍珠鳞、高头珍珠、龙珠、龙高珠、珠泡、珠鳃、龙珠鳃、朝天龙珠，以及蛋族的蛋珠、龙蛋珠、朝天珠等品种，但是目前除珍珠鳞和高头珍珠之外，其他品种已不常见了，参加国内金鱼比赛的通常只有普通珍珠鳞和高头珍珠这两个品种。

珍珠鳞的评价指标包括形态、色泽、泳姿、品种特质，其中色泽和泳姿方面一般没有明显的个体差异，所以权重较低；形态其实可以包括在品种特质之内，因为珍珠鳞的品种特质主要是整体的形态、珠鳞的形态和排列、其他部位的特征（头、尾）。

珍珠鳞体形的审美取向是躯干越肥越好，头越小越好。一级品珍珠鳞要求体宽大于或等于体高，体高至少要达到体长的 70%，由于体长还包括头在内，所以躯干的长度甚至小于体高和体宽，也就是说，比正圆球体还要胖。竞赛的金鱼显然质量要求比一级品要高，所以，肥到比球形还要宽的程度是基本的要求。另外，由于珍珠鳞金鱼生长比较慢，大个头珠鳞要求排列整齐，立体感强，中腹部鳞片最大，其余部位渐次变小，躯干布满珠鳞。

红白皇冠珍珠鳞

红白皇冠珍珠鳞是目前国内金鱼市场上珍珠鳞类的主流，头顶的帽子比头还大，饱满的头瘤、圆球般的躯干是皇冠珍珠鳞类最重要的特质。

黄色皇冠珍珠鳞

在目前国内金鱼市场上皇冠珍珠鳞在珍珠鳞类占据 80% 以上份额的情况下，黄色皇冠珍珠鳞并不罕见。这尾鱼各方面都符合珍珠鳞类优质品的要求，而黑色的鳍也为之增色不少。

五花皇冠珍珠鳞

五花皇冠珍珠鳞也是珍珠类中的常见小品种。这尾鱼体形、鳍、色彩、泳姿、珠鳞的饱满度等各方面都符合珍珠鳞类优质品的要求，唯独头顶的“珠冠”形状和大小稍欠火候。

五花珍珠鳞（照片提供：北京市水产技术推广站　何川）

这是一尾获得过珍珠鳞组冠军的鱼，夸张的丰满体形在躯干衬托下显得非常“渺小”的头部，淡雅的体色衬托下头顶的一片鲜红，为其获奖提供了充分的理由。

三色珍珠鳞

尾鳍与身体颜色的反差为其增色，身体还未达到顶级珍珠鳞应有的丰满程度。对于普通（平头）珍珠鳞而言，体形丰满程度是最重要的指标。

三色珍珠鳞

那尾珍珠鳞虽为同一品种花色，但体色其实只有红白二色，身体丰满程度未达到顶级珍珠鳞的标准。

8. 水泡组

具有水泡眼的金鱼都可归入本组。文族和蛋族都有水泡眼系，文族只有水泡眼一个品种，而蛋族有泡眼和泡眼鹅头两个品种，现在比较常见的是蛋族的泡眼。

水泡组的评价指标包括形态、色泽、泳姿、品种特质和状态，其中色泽和泳姿的权重较低，形态和品种特质的权重较高。形态主要是整体的比例适度、无明显缺陷，而品种特质主要看两个水泡。水泡一般是猪腰形，品鉴主要看水泡的大小、对称性、饱满度。

黄水泡

黄水泡

黄水泡是蛋族水泡眼中的常见小品种，颜色看似单一，但其实它的鳞片与一般金鱼的鳞片不一样，它的反光度特别高，如同金属光泽。

五花水泡

这尾五花水泡依然是蛋族水泡眼中的常见小品种，身体是五花的，但水泡的颜色却是鹅黄色，额头有鲜艳的红斑，颜色的特别搭配是这尾水泡的最大看点。

一群水泡眼幼鱼

虽然颜色有个体的差异，其他指标没有明显的差别。

9. 琉金组

琉金实际是日本金鱼的文鱼，它的品种特征是头小、身肥、驼背。该组有几个不同尾型的品种，分别冠以短尾琉金、长尾琉金和宽尾琉金之名。

短尾琉金

短尾琉金有各种颜色，其尾鳍长度介于体长的1/3~1/2，体形短、高、驼背，身体的宽度几乎与体高相当。

琉金的评价指标包括形态、色泽、泳姿、品种特质，实际上由于它的品种特质主要体现在体形上，所以常常把两个指标合并在一起考量。

琉金的形态品质取向是短、高、驼背。一级品琉金的体高接近甚至等于体长，体宽为体长的 1/2 以上，比赛的金鱼至少能达到这个水平。琉金金鱼的头比较小，因此头后背部的起点位置明显隆起，形成驼背，驼背的特征越明显越好。

五花短尾琉金

尾鳍的长度介于体长的 1/3~1/2。这尾鱼的出彩之处在于其独一无二的体色，当然，体形作为基本条件是必须符合要求的。

棕色短尾琉金

这尾鱼的体色比较特别，色质浓郁，反光度高，具有金属光泽。

红白短尾琉金

体形符合优质琉金的标准，色质上乘，躯体如瓷器般雪白，吻部、鳃盖及各鳍均带有鲜红色，可以归入“十二红”的颜色类别。

三色宽尾琉金

尾鳍的宽度大约是体宽的2倍。如果不是身体上有些黄色色斑，按照与“十二红”相对应的叫法，这尾鱼或可称为“十二黑”，特别的颜色是其最大看点。

红白宽尾琉金

尾鳍的宽度大约是体宽的 2 倍。尾鳍有两轮红色两轮白色相间，身体的驼背特征非常明显（背部肌肉特别发达）。

五花蝶尾琉金

颜色素中带艳，尾型为蝶尾，比宽尾琉金尾鳍更大。蝶尾琉金在琉金当中属于比较小的群体。

红白长尾琉金

这两尾鱼均是红白长尾琉金。长尾琉金往往不像短尾琉金那样一身“横肉”，背部肌肉夸张地高高隆起，所以尾鳍的形态很重要，长且宽大的尾鳍如同长裙一般，给长尾琉金增添了优雅气质。

5

金鱼的生物学特性、自然习性及家养技术

一、金鱼生物学特性和自然习性

金鱼是野生鲫鱼经过近 1 000 年的人工养殖和选择，培育出的观赏鱼品种。金鱼的形态与鲫鱼有很大的差异，但是主要习性仍与鲫鱼类似。

与鲫鱼相比，金鱼的形态发生了很大的变化，主要表现在脊椎弯曲和部分愈合，体形异常丰满；背鳍或已消失，尾鳍发生很大变异，从原来垂直的上下二叶，演变成三叶尾、四叶尾、蝶尾、三角尾、平伏尾、翻转尾、幡尾等不下 10 种尾型；臀鳍有的演化为左右的二叶、多叶，有的与尾鳍愈合；眼睛也发生了特化，出现了眼球大部突出眼眶的龙睛、眼球上转的朝天眼、无瞳孔的葡萄眼、眼睛下方的水泡等；鳞片有两种畸变形态，即珠鳞和透明鳞（颜色的变异不在此列）；头部的变异有：从头顶延伸至面颊的肉瘤（称为虎头或狮头）、头顶的肉瘤（高头和鹅头）、鼻膜衍化而成的绒球、鳃盖缺损导致的翻鳃等。金鱼的这些变异不属于进化，从自然生存力的角度看，这些变异基本都属于退化，因为这些变异使金鱼游泳速度变慢，争食能力变弱，抗病力下降，而且更容易受到敌害生物的侵害。从变异发生的过程和目的看，这些变异属于人工特化。

金鱼为亚热带及温带淡水硬骨鱼类，底栖生活，偏植物性的杂食性，摄食浮萍、植物籽实、底栖生物、浮游动物、有机碎屑等，最喜食枝角类（浮游动物，俗称鱼虫、红虫等），对人工颗粒饲料接受度高，适应生存水温 2~35℃，适宜水温 20~30℃，适应 pH 6.0~9.0，适宜 pH 7.0~8.0，适宜硬度 10~15dH°，最低溶解氧要求 1.0 毫克 / 升。1 年性成熟，自然雌雄性比接近 1∶1，繁殖季节春季为主，非典型的多次产卵类型，产黏性卵，附着基质为水草、树根等，非初次成熟雌性亲鱼卵巢成熟系数为 20%~30%。

金鱼个体小，生长慢，一般 1 年的金鱼体长不足 10 厘米，体重 50 克以下，最大成年个体体长一般不足 20 厘米，少数品种能长到 20 厘米以上，草金鱼可长到 30 厘米。

二、金鱼家养技术

养玩金鱼不是一件轻而易举的事，它是一门技术活，也是一种艺术。

养金鱼不仅仅是养活而已，而是要使它充分表现出充满活力的美感，还要配合环境，营造整体的和谐优美。

（一）养殖器皿的选择

家养金鱼首先要考虑的是根据场地环境，选择适当的养殖容器。

古代养金鱼一般都在室外或者走廊、回廊，室内养金鱼比较少见。养金鱼的容器一般是陶质的缸、瓷盆或木盆，也有少数是养在大水池中的。

现代家养金鱼室内室外都有，室内养殖的情况更多一些。室内的容器主要有陶瓷鱼缸、玻璃鱼缸（鼓形）及玻璃水族缸。

选择养殖器皿不但需要考虑美观、与环境的搭配，还要考虑形状、尺寸大小与养殖对象、欣赏方式的协调等方面。下面介绍一下主要养殖器皿的特点，供金鱼养殖者参考。

1. 陶瓷鱼缸

陶缸和瓷缸在装饰上的效果不同，而从养鱼的角度来看则差别不大。适合放置于室内、走廊、回廊或屋檐下，不宜完全露天。适合养殖从上方观赏的品种，比如蝶尾、朝天眼、水泡眼等类别。

形状通常为鼓形，缸底部直径相当于鼓起最高部分直径的 2/3~3/4，口径相当于最大直径的 3/5~4/5，高度相当于最大直径的 2/5~3/5。规格（按容量）一般为 50~200 升。

陶瓷鱼缸有内壁上釉和不上釉的区别，还有带内置循环过滤和无过滤的差别。不上釉的缸在使用前不但要清洗干净，还要先放水泡一段时间，待内壁附着藻类，使内壁变光滑才能放入金鱼，否则粗糙的内壁必定会造成金鱼擦伤。所以，如果觉得白色的瓷缸里面刷得不白而影响美观，那就选择内壁上釉的瓷缸。另外，用不带过滤系统的鱼缸养金鱼，需要每天换水，这是选择鱼缸时必须考虑的。

2. 玻璃水族缸

适合在室内使用，半开放的场所如果光照不太强也可以使用。现代风格的家居适合搭配玻璃水族缸，玻璃水族缸还有一个优点是可以多个角度观赏，而且空间大，对金鱼的健康比较有利。此类鱼缸最大的好处是便于造景。

陶瓷鱼缸

养殖金鱼的水族缸一般为长方形，规格 50~1 000 升，蓄水深度不超过 50 厘米，长宽不限。

玻璃水族缸

为便于欣赏，宜采用无盖式，可自行装配过滤系统，但不主张采用上部过滤槽，因为这种装置妨碍从上部欣赏。

此类鱼缸适合养殖所有金鱼品种。

3. 玻璃鱼缸（鼓形）

此类鱼缸一般器形较小，容量数升至数十升，常设置于餐桌、案几，以前此类鱼缸结构简单，只是个纯粹的容器，现在有一些艺术性的玻璃鱼缸，安装有过滤装置和灯光等。

此类鱼缸由于器形小，养殖受到较大限制，金鱼在其中往往难以成长，通常只是用来养殖个体比较小的金鱼。

鼓形金鱼缸

这种新型的鼓形玻璃鱼缸可安放于案几、桌面，也可悬吊，装饰性比较强，对于金鱼而言却并非理想的安居之所。

（二）鱼缸放鱼前的准备

家庭养殖金鱼的目的，主要是为了装饰家庭环境，通过玩赏愉悦身心，因此鱼缸放鱼前，要做两方面的准备：一方面是提高整个养殖系统的装饰或观赏价值，另一方面是使养殖系统有利于金鱼保持优美形态和活力。所以，放鱼前对鱼缸进行的预处理可以简单归结为缸内装饰和水质处理系统。

由于不同类型的鱼缸在形态和容量上有所差异，放养前处理的方式有所不同，下面按照鱼缸类型分别叙述。

1. 陶瓷鱼缸

陶瓷鱼缸不但有内壁上釉和不上釉的区别，还有带内置循环过滤和无过滤的差别。不上釉的缸在使用前不但要清洗干净，还要先放水泡一段时间，待内壁附着藻类，使内壁变光滑才能放入金鱼。有人喜欢把鱼缸内壁洗刷得干干净净，其实这样做对金鱼是没有好处的，因为金鱼喜欢贴住缸壁或缸底活动，无釉质的陶瓷很粗糙，金鱼活动时摩擦在缸壁上，体表的黏膜会受到伤害，造成皮肤擦伤、感染。缸内放水泡几天时间，缸壁上会生长一些藻类，使缸壁变得光滑，能减少缸壁的摩擦力，防止金鱼擦伤。如果觉得白色的瓷器缸里面刷得不雪白影响美观，那你还是不要用陶瓷鱼缸养金鱼为好。

鱼缸自带的内置循环过滤系统一般比较简单，主要是过滤材料和潜水泵两部分。过滤材料主要是人造棉（或海绵）；潜水泵的功率和缸的大小有关，由于金鱼不适应水流快的环境，配备的潜水泵一般功率（决定了流量）都不是很大，其流量控制在使鱼缸水体每天循环 2~5 遍即可。

不带过滤净化装置的陶瓷鱼缸可以配置缸外过滤桶、壁挂式过滤器或气动式生化棉过滤器。不配置过滤净化装置也不是绝对不行，但是考虑到金鱼食量大、排泄多，没有净化装置的鱼缸水质很容易变坏，需要每天换水，而且每次换水的量较大，水质总是处于“变坏—换新水—变坏—换新水”的动荡循环之中，对金鱼的健康不利，因此不主张完全没有过滤系统的做法。但是有一种情况是可以不需要过滤系统的，那就是以养水草为主，金鱼放养密度非常小的时候。

内部装饰和造景：陶瓷鱼缸比较浅，容量也小，缺少装饰的空间，所以一般内饰以简约为佳，可用小杯子装金鱼藻、水罗兰、菊花草等水草，用水草沙砾（粒径约 3 毫米的不规则立方体）压住草根，沙砾不要太满，要比杯口低 1~2 厘米，视鱼缸大小配 1~2 杯水草就可以了。也有不要水草而用石头装饰鱼缸的，如果是这样选用的石头一定要表面比较光滑，以防金鱼擦伤。同时选用的石头必须能在鱼缸中放置安稳，底面积小而高的石头有被撞倒的风险；片状石材多层叠放也有很大风险，不宜采用。球形或其他容易滚动的形状的石头，如果不能采取防止其滚动的手段，也不宜采用。

2. 玻璃水族缸

现代风格的家居适合配玻璃水族缸。玻璃水族缸的优点是可以从多个角度观赏金鱼，而且空间大，对金鱼的健康比较有利。

玻璃水族缸养金鱼一般需要配置过滤系统，并装饰以水草。市售的水族缸通常带有上部过滤盒，但是养金鱼最好不要用上部过滤系统，因为上部过滤系统的过滤功能比较弱，而金鱼食量大，排污也多，超过上部过滤系统的处理能力。由于玻璃水族缸空间比较大，过滤和装饰一体化的办法比较适合金鱼。具体做法就是缸底先铺设 PVC 管制成的疏水管路，或者隔沙塑料网板，然后在上面盖 5~8 厘米厚的大粒径水草沙，草直接种在沙里，配上陶器或瓷器的小饰品，加上少许沉木，按照自己喜欢的风格打造鱼缸内的景观。而连接 PVC 管路的水泵能带动鱼缸内水体循环，使金鱼排出的污物被水草沙表面附着的微生物分解，进而被水草吸收，鱼缸内的氮磷元素得以循环使用，水体可以保持清澈。

过滤装饰一体化系统的安装过程见下图。

第一步　制作底部管网，放置于缸底

第二步　装上潜水泵，水泵进水口与底部管网联通

第三步　倒入粒径适当的沙粒

第四步　将沙粒铺好，按设计要求铺成小有起伏的地势

第五步　开始装饰，依次安放风景石、沉木、水草等，种草前可先加部分水并安装其他饰品或功能性器材，加够水，开启水泵

循环系统安装步骤

过滤和装饰一体化的模式有比较多的限制，比如为了便于水从沙中流过而形成循环，沙的粒径不能太小，沙上也不能被大片地遮挡。因此，有不少金鱼爱好者不会选择这种模式，而是宁愿采用造景和过滤各自独立的模式，而这种造景，我们称之为草景金鱼水族缸模式。

草景金鱼水族缸不同于普通的草景缸，因为一般的草景缸以种植水草为主，其中配养一些小型鱼，它的设计布置完全是从水草构成景观出发，小型热带鱼在其中只是配角。金鱼不适合在草景缸中充当配角，因为它们个体比较大，不适合在水草缝隙中穿行；金鱼喜欢挖掘水底泥沙，啃食幼嫩水草，一些柔弱的水草难以在金鱼缸中生存。因此，金鱼缸中的造景有其特殊性，水草不宜种植得很茂密，不宜种植过于脆弱的水草。

草景金鱼水族缸主要有日本式、德国式、荷兰式、中国台湾式、水草产地原生态式、南美式、西非式和东南亚式 8 种风格。草景金鱼水族缸适宜采用西非式、南美式或二者结合的方式，沉木、岩石、水榕类水草及可以在沉木、岩石攀附生长的黑木蕨，在沉木、岩石之间及背后，种植一些中景草，如大水芹、小水芹、红椒草等，再在中景草中间或背后点缀种植少量后景草，比如金鱼藻、大宝塔这类很吸引眼球的水藻，还可种植一些不会遮挡水下景色的青荷根、紫荷根、四色睡莲等。

下面为部分适合在金鱼缸中种植的常见水草。

小宝塔草　大宝塔草

狐尾草　绿松尾草

轮叶黑藻　大波叶

软皇冠草

大陆皇冠草

长艾克草

艾克草

红圆叶和小圆叶

紫荷根

布置金鱼草景缸的步骤大致是这样的：洗干净鱼缸内壁→缸底铺 3~5 厘米水草泥→安放提前种好（或绑好）黑木蕨（或苔藓、水榕）的沉木、岩石→空位的水草泥上再铺 2~4 厘米厚洗净的河沙（粒径 2~3 毫米）或实心陶瓷粒（粒径 2~3 毫米）→依次种植中景草、后景草→空位上面再铺一层小型鹅卵石（厚 3~5 毫米、长径 3~5 厘米）→鱼缸侧面装上壁挂式过滤器和二氧化碳扩散器（草少的鱼缸也可不装）→加半缸水→抽掉这些浑浊的水→加入清洁水。

金鱼草景缸中的水草并非种完之后就一劳永逸，而是需要投入精力进行管理的，并且管理水草也需要相应的技术和经验，光照、施肥、补充二氧化碳等许多方面都是需要经验积累的，于是有一些鱼友选择种植假草——即人造仿真草。使用仿真草装饰鱼缸没有什么技术难度或要求，主要要注意两个方面，一是仿真草要仿得像，越像真草越好，否则非但不能造景，甚至还会败景、煞风景；二是不要选用那些可能对金鱼造成伤害的假草，比如叶片坚硬而且锋利的。

水族缸还有一种装饰方式，就是贴背景纸，这属于缸外装饰。背景纸的选择要考虑与缸内装饰协调，而且与水族缸摆放位置有关。通常只有靠墙摆放或者需要具备遮挡功能的水族缸，才适合贴背景纸。草景缸只能贴单色背景纸而不宜贴背景画；内饰简单甚至无内饰的，应该贴背景画；以石材做简单内饰的鱼缸，建议贴水草主题的背景画。

（三）金鱼的选购

1. 品种规格的搭配

选购金鱼前，养殖者应先做好采购计划，预先确定要买的品种、规格、数量。

购买什么品种的金鱼，不但是养殖者喜好的问题，还要考虑养殖器具及环境条件与品种的协调性，是单一品种还是多品种混养，哪些品种适合一起养等问题。喜好什么品种是个人的自由，通常也是养殖者选择金鱼品种首选考虑的因素。养殖器具与养殖品种有匹配、协调的问题，这在前面介绍养殖器具时已经做了一个简单的介绍。从便于观赏的角度看，陶瓷鱼缸适合从上部欣赏，因此，以俯看的方式能够欣赏到主要奇妙点的品种适合在这样的鱼缸养殖，比如蝶尾、土佐金、朝天眼、水泡眼、平付尾等。这些品种几乎都是必须用陶瓷缸养的，用玻璃水族缸养的话，蝶尾、平付尾也勉强可以，土佐金、朝天眼、水泡眼就不行，不光是欣赏角度的问题，这几个品种用玻璃水族缸养的时间长了以后会“走样”，品质会下降。相反，草金鱼、和金、单尾文鱼都不适合用陶瓷缸养殖，特别是草金鱼，因为俯看的时候只能看见狭窄的身体和单一的颜色，而且这个品种游泳速度快、跳跃能力强，很容易从狭小的鱼缸中跳出来，这些品种更适合用比较深的长方形玻璃水族缸来养殖。至于其他的品种，既可以侧面欣赏，又可以俯瞰观瞧，用无盖的长方形玻璃缸或子弹头型水族缸养殖比较好。另外，内饰为草景的水族缸不宜放养草金鱼及和金。

关于品种搭配，没有讲究到具体哪个品种适合搭配哪个品种，但也不是全然没有规矩，原则如下：

①游泳速度不可太悬殊，泳速快的鱼抢食太快，使泳速慢的鱼吃不饱或吃食受到极大干扰，而且可能冲撞泳速慢的鱼。

②易受损伤的鱼尽量不要与身体结实的品种混养，比如水泡眼、土佐金、绣球，各自都有脆弱的一面，与身体强壮的鱼混养很容易造成损伤。

③个体大小悬殊的鱼不要混养，否则会破坏画面美感，并且给喂食带来不便。

2. 放养数量

放养数量即放养密度的问题。决定放养数量的因素有 3 个：一是容器的大小和水深，二是鱼的大小，三是鱼缸附属净化系统的工作能力。

根据经验，金鱼放养密度的基础值为 3 千克 / 米 ^{3}，即每立方米 3 千克金鱼，假定每尾金鱼体重 100 克，1 米 ^{3} 可以放养 30 尾；假如每尾金鱼体重 50 克，1 米 ^{3} 可以放养 60 尾。基础值设定的条件是鱼缸容积 200~400 升，水深 25~30 厘米，敞口，有气泵增氧，无净化系统，放养规格为体重 50~100 克，每天换水 1 次，每次换水约 1/3。在这样的条件下，按照基础密度放养，可以长期维持。

以放养密度基础值为标准，上述三个因素对放养量的影响如下：

容器的大小不影响放养密度，放养量与容器大小成正比，即：放养量 = 容积 × 放养密度。但是水深影响放养密度，直观的表述是：水面的面积影响放养密度。容积一定时，水面越大水深就越小，因为：容积 = 面积 × 深度。面积越大，放养密度越大，放养密度与面积呈正相关，与水深呈负相关，但是影响程度没有达到线性相关的程度。简单直白地说，假如水深为 15 厘米，比基础放养密度假定的深度小 40%~50%，合理的放养密度是可以比基础放养密度大 20% 左右，而不是大 40%~50%；反之，假如水深为 45 厘米，比基础放养密度假定的深度大 50% 左右，合理的放养密度是可以比基础放养密度小 20% 左右，而不是小 50%。水深影响放养密度的原理是：水深越小，相对面积越大，水体和空气的接触面越大，水体和空气之间物质交换扩散的速率越高，氧气从空气中溶解水中越快，有害物质如氨、硫化氢从水中向空气逸散的速率也更高，水质就越不容易变坏，所以就能养更多鱼。

鱼的大小的影响是：鱼越大，单位体积水体内放养的尾数越小（放养密度不变的情况下计算结果），实际放养密度（按鱼的总体重计）可越高（但是不会改变鱼越大单位体积水体内放养的尾数越少的规律）。假如放养的金鱼平均体重为200克，比基础放养密度假定的体重50~100克大1~2倍，按金鱼放养密度的基础值每立方米3千克计算，1米^{3}应该放养体重200克的金鱼15尾，但是由于个体大，放养密度可以提高到每立方米4千克，即20尾。相反，如果金鱼个体小，放养密度（按鱼的总体重计）应更低，假如放养的金鱼平均体重为20克，按金鱼放养密度的基础值每立方米3千克计算，1米^{3}应该放养150尾，但是实际上只能放养80~100尾。形成这种规律的原理是：金鱼个体越大，新陈代谢越慢，单位体重的耗氧量、摄食量、排泄量随个体增大而减小，但是个体的绝对耗氧量、摄食量、排泄量依然是随个体增大而增加的。个体大小与放养量的关系见下图。

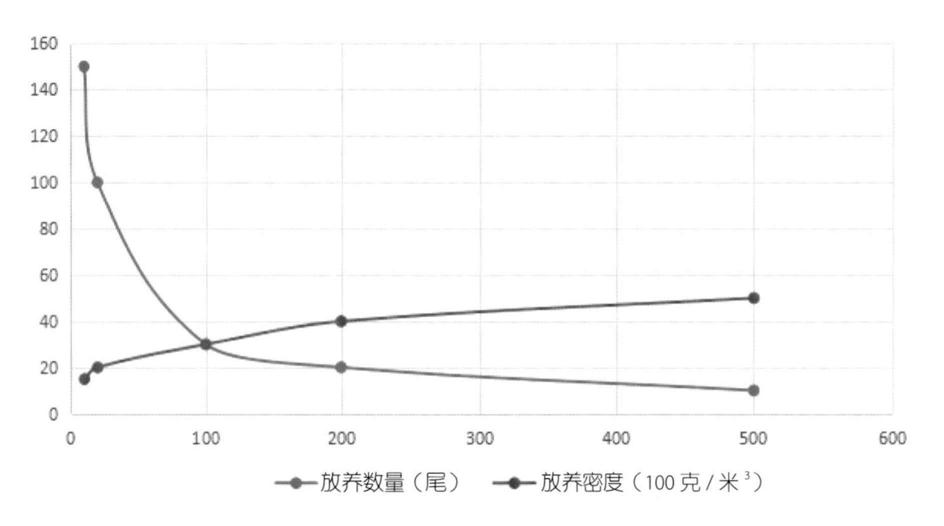

金鱼个体大小与放养密度关系

鱼缸附属净化系统的有无及其工作能力，与放养密度的关系是直观的，显而易见的，因为限制金鱼放养密度的主要因素是金鱼的排泄物、食物残渣等腐败与分解对金鱼造成的毒害，鱼缸有附属净化系统，自然可以放养更多的金鱼，净化系统工作能力越强，金鱼的放养密度越大。

3. 挑选规则

确定了养殖金鱼的品种、大小、数量多少，可以开始选购了。

一般选购金鱼，基本的要求是身体健康、体轴端正，其次是形态符合品种特征，色彩斑纹鲜艳有特色等。

是否健康首先看身体各部位是不是干净，有没有黏附污物，是否有溃疡、糜烂、外伤、缺损的情况，狮头、虎头类的品种要注意头瘤上是否有病灶或白色的黏液固化物质。然后看身体是否有正常光泽，眼神是否明亮；鳍的基部有没有炎症或异物，鳍的末梢有没有糜烂或坏死的情况。摄食和排泄正常是健康的重要标志，好的鱼应该摄食积极主动，差的鱼则表现为对食物没有兴趣；正常的排泄物是比较结实而分段的，而排泄物发白、发黏、长条状、弥散或拖挂于肛门外都是疾病的标志。

确定健康之后，可以按照鉴赏的要求，依次观察金鱼的形态、品种特征、色彩斑纹、泳姿。

形态首先看体轴是否直、是否左右对称、各部位比例是否适当、肥满度够不够高、整体是否协调。体轴的端正对于金鱼来说是根本性的，体轴不正，体形的根本坏了，其他一切都是枉然。体轴是指金鱼的头尾轴，所谓体轴端正是指脊椎骨在一个垂直平面上（肯定不会在同一个水平平面上，因为众所周知，金鱼的脊柱是向上弧弯的），是否端正可通过俯看来判断的，看它的肉身主体是否对称，游泳时左右摆动的幅度是否相同。体轴端正和左右对称并不是完全等同的概念，体轴主要是俯看脊柱是不是直，基本的骨骼和肌肉系统是不是左右对称；形态的左右对称是指在体轴端正的基础上，头部的衍生物、躯干、尾鳍及其他各鳍是否对称；肥满度是指鱼肥胖的程度，金鱼是以胖为美的，越胖越好。但是不同品种由于基本形态的限制，肥满度的范围是不同的，龙睛的肥满度远远无法与珍珠鳞或琉金相比，所以肥满度只能在品种内比较。

品种特征性状是否优异，对于金鱼的质量等级判断是非常重要的指标，要根据具体品种的审美取向，仔细观察和判断。需要指出的是：品种特征并不总是越夸张越好的，特征突出并且不影响整体的协调性，才是最好的。水泡眼、龙睛、绣球等品种特征性状是否对称尤其要注意。

色彩斑纹方面，首先体表要有光泽，也就是体表有透明的黏膜，反光度比较高，不论什么色彩都是如此。其次色彩越浓郁越好，不论是单色品种还是复色、多色的品种都是如此。但是，色彩浓郁和颜色深是两回事，这需要养殖者积累经验慢慢体会。斑纹方面，两种或两种以上颜色的金鱼，颜色的斑块大块的比较好，散乱的不好，但是三色或五花的品种，基本都是色斑散乱的，选购金鱼不可强求大块色斑。具体选择什么样颜色的金鱼，没有统一的规定，购买者完全可以根据自己的喜好决定。

另外，选鱼时要仔细观察臀鳍、尾鳍的形态，因为臀鳍畸形的情况在双臀鳍的金鱼中出现的频率比较高，而尾鳍比较容易损伤，所以要注意尾鳍的鳍条是否有折断的情况或折痕。

（四）养殖管理

家庭养殖金鱼，在准备好鱼缸后，把鱼买回来，经过一些步骤后放养到鱼缸中之后，就进入养殖管理阶段。大致的步骤是：养殖器具的装配和装饰→养殖用水的准备→买鱼→投喂→日常观察与管理。

1. 养殖用水的准备

最常用的家养金鱼用水是曝气自来水。用自来水的好处是干净，不带细菌、病毒、寄生虫，也不会有化学污染，水质软硬适度。自来水是经过消毒的，一般是用次氯酸（俗名漂白粉）或二氧化氯作为消毒剂，因此自来水中会残存氯，对水中的任何生物都是有毒的。曝气的目的是让氯挥发掉，曝气的具体方法是把水装在敞口容器中，置于阳光下暴晒或用气泵不间断冲气，持续 3 天。

雨水、江河湖塘等天然地表水不宜直接用作养殖金鱼用水。雨水中有细菌、真菌等各种微生物及寄生虫，还有从空气中溶入的许多化学物质，养殖金鱼最忌讳的水源就是雨水。在没有自来水的古代，古人认为养金鱼最好用江河水，如今江河水并非绝对不可用，要看地方，而且要经过处理。不同的地方、同一条河的不同河段，河水的质量不一样。一般在河道的上游，如果更上游没有经过矿区、厂区和生活区，水中的污染少，微生物也少，经过暴晒然后等水温回复到环境温度，就可以用于金鱼养殖。在河道的下游，水质基本不适合养金鱼。湖泊、池塘的水，除了部分高海拔地区之外，一般比较肥（有机质多），微生物含量高，除非没有别的水可供选择，否则不主张用于养殖金鱼。

井水可否用于金鱼养殖要看具体情况，作为食用水源的井水一般没有问题，经过曝气 1 天以上，即可使用。性质不明的井水要谨慎使用，有些井水含有过量的矿物质或某种金属元素，对金鱼是有害的。

2. 放养的操作步骤

刚买回来的金鱼可以先倒入塑料桶或塑料盆里，对入 1/3 鱼缸水，10 分钟后倒掉一半，对入 1/2 鱼缸水，5 分钟后加入消毒药剂进行鱼体消毒。最常用的鱼体消毒办法是用高锰酸钾溶液浸泡。按照每升水 30 毫克的量取高锰酸钾，先用小碗或杯溶解，然后泼入浸泡金鱼的桶里轻轻搅匀，5 分钟后将金鱼捞进鱼缸。如果没有高锰酸钾，就用盐水浸泡金鱼进行消毒，方法是按照浸泡金鱼的水体重量的 1% 称取（有经验的可估算）食盐或粗盐，然后取一部分水将盐溶解，再将盐水泼入浸泡金鱼的桶里，浸泡 3~5 分钟后把金鱼捞起放入鱼缸。

3. 投喂饲料

金鱼放缸后隔一天（第 3 天）开始喂食，一般投喂粒径适口的浮性颗粒饲料，每天早晚各投喂一次，投喂量以 5 分钟吃完为准。金鱼忌投喂过多，因为金鱼适应环境以后，摄食不知道控制，似乎没有饱的感觉，只要有食物就吃，不知道停止。常听人说金鱼被撑死了，当然撑死的情况很少见，撑得游不动趴在缸底的常有。这时如果水里溶氧不足，而鱼又游不起来，而且吃饱以后耗氧又大，缺氧而死就不足为奇了。

金鱼的饲料有很多种类，除了我们推荐的浮性颗粒饲料之外，还有轮虫、枝角类、桡足类（俗称青蹦、剑水蚤等）、水蚯蚓（俗称红线虫、棉虫等）、蚯蚓、水生昆虫、浮萍、藨莎、水草嫩芽、植物籽实、有机絮团、有机碎屑等天然饲料，农产品加工的副产品麦麸、米糠、豆粕、花生麸、酒糟等，以及人工生产的饲料，包括沉性颗粒饲料、浮性颗粒饲料、红虫干等。

金鱼的祖先鲫鱼是杂食性鱼类，金鱼也继承了这一习性，食谱非常广泛。但是在家庭养殖金鱼时，并非什么饲料都可以用，主要是考虑以下几个因素：首先是产生污染少，粉状的、弥散性的饲料容易散失，对水体造成的污染较大；二是活体饲料只能在无缸内装饰的情况下使用，因为这些活饲料躲藏在沙底、草丛、金鱼难以深入的角落，很难被吃干净，死亡之后很快腐烂，迅速污染水质；三是沙底的鱼缸里不宜投喂沉水性饲料，因为饲料掉落在沙砾缝隙中会诱使金鱼不停翻动沙砾，水体整天处于浑浊状态；四是不要长期投喂一种营养不全的饲料。

4. 水质管理

除喂食外，最重要的事情是管理水质。水质是指水的质量，也指溶解于水中的各种物质以及因这些物质的含量和比例不同所形成的不同的物理化学性质。与水生动物有关的水质因子主要有：溶解氧（Do）、酸碱度（pH）、硬度（dH）、透明度、浊度、化学耗氧量（COD）、生物耗氧量（BOD）、总氮（TN）、氨氮（NH_3）、亚硝酸态氮（$N-NO_2^-$）、硝酸态氮（$N-NO_3^-$）、总磷（TP）。

对于各种水生动物而言，水质都是非常重要的，甚至是首要的，因为它们时时刻刻生活在水中，水为它们提供生存空间，新陈代谢所需要的各种元素来自水体、排出的废弃物回到水里。

对于金鱼而言，水比饲料更重要。半个月不投喂饲料金鱼仍能生存，但是如果水坏了，几个小时就可能死鱼。对金鱼养殖最重要的水质因子是：溶解氧、酸碱度、氨氮、亚硝酸态氮、硝酸态氮，其他因子对金鱼也有影响，但一般不会达到对金鱼生存、生长产生明显影响的程度。

金鱼要求的水质是：溶解氧≥ 1 毫克 / 升、pH 6~9（7~8 更适宜）、氨氮≤ 0.1 毫克 / 升、亚硝酸态氮≤ 0.02 毫克 / 升。

所有动物都需要吸入氧气排出二氧化碳，这是动物新陈代谢的外在表现。动物的呼吸器官承担吸入氧气呼出二氧化碳的任务，氧气进入机体之后，通过血液传输到机体内各部位，氧与糖类发生生化反应（这种反应多数是在细胞内进行的，因此可以说，细胞也是在时时刻刻进行着呼吸的），产生二氧化碳、水和能量，其中二氧化碳时时刻刻通过血液传输到呼吸器官，排出体外。所以，水生动物也是每时每刻都需要吸入氧气的，但它们通常不是直接从空气中获得氧气，而是从水中获得溶解于水中的氧气。

与空气相比，水中的溶解氧含量是非常低的，空气中氧气的含量是 21%，而水中饱和溶氧量只有 5~11 毫克 / 升；1 个标准大气压下每升空气中含有大约 300 毫克氧气，而每升水中饱和溶氧量只有 5~11 毫克。在一般情况下，金鱼的耗氧率为 100~400 毫克 /（千克 · 小时），也就是说，一升水中的溶解氧只够一尾 10 克重的金鱼呼吸几个小时。水中的溶解氧在不断被消耗的同时，也在不断从空气当中溶入、补充，还有水体中的植物、藻类光合作用产生的氧气也在不断补充到水中，所以，在天然水体中，溶解氧一般能维持在比较高的水平，足够鱼呼吸之用。但是，在金鱼缸中，一般没有藻类补充水体溶氧，而静止的水体氧气从空气溶入的速度很慢，金鱼的耐低氧阈值大约为 1 毫克 / 升，溶氧量不低于 5 毫克 / 升即感觉舒适，所以金鱼缸一般都需要打氧、冲气。

酸碱度代表水的酸碱性质和程度，pH 的范围是 0~14，7 为中性，小于 7 为酸性，大于 7 为碱性，值越小代表酸性越强，值越大代表碱性越强。

没有过滤系统的鱼缸，水质很容易败坏，2 天不换水，鱼缸就会散发出腥臭味，所以，必须每天一次吸污。可以用一根塑料软管，内径 1 厘米左右就可以了，利用虹吸将金鱼排出的粪便以及食物残渣吸出。如果水色不够清亮，可顺便吸多点水，然后补充一些新鲜水。另外，不带过滤系统的鱼缸至少每 2~3 天换一次水（也可以每天换水），每次换水的量不超过鱼缸水体的 1/3，补充水可直接用自来水。但是如果这样的换水频率不能保证水色清亮，就应该每次换掉大部分甚至全部的水，此时不可直接加自来水，需使用曝气 3 天后的自来水。这样的话，应该准备一个水桶，专门用来给自来水曝气。

过滤系统比较简单的鱼缸，比如自带过滤系统的陶瓷鱼缸，也需要每天清理粪便和食物残渣，并且每个星期换水 1~2 次，每次换水的量不超过鱼缸水体的 1/3。

过滤系统比较强且种植水草的鱼缸，水质一般不需担忧，需要注意水草的生长情况，避免水草枯黄，就可以保证水质良好。但是如果水体有腥臭味、水面有泡沫，说明水质败坏、水草的状况不太理想，应仔细检讨自己的管理过程，确定水草活力不强的原因，是光照不足、二氧化碳缺乏呢，还是缺肥缺微量元素，或者水温过高。

平日欣赏金鱼时，应仔细观察金鱼身体状况，首先要看金鱼的泳姿，是否缓急适度，有没有突然急窜、原地转圈、失去平衡的情况，再看排便是否正常的小段，会不会拖便或者拉稀。如果有泳姿不正常的状况，要特别仔细观察金鱼身体表面是否有出血、溃疡、红肿、拖挂异常物体、体表覆盖白膜的情况。

金鱼由于长期的定向选择和近亲繁殖，近亲系数非常高，因此抗病能力比较差，容易生病，而水质常常是诱发金鱼疾病的主要外在因素。所以，要养好金鱼，关键还是管理好水质。

6

金鱼的遗传育种、繁殖技术和生产技术

一、金鱼的遗传与育种

（一）遗传学基本原理

形态学是生物学的基础，分类学是生物学的原始目的，而遗传学是生物学的核心，是生物学研究由表面进入本质的体现。

早期的遗传学研究者，通过对生物外表性状的遗传规律的观察，发现了一些基本遗传规律，后人将其总结为三大遗传学定律。

1. 分离定律

该规律由奥地利遗传学家孟德尔于 1865 年首先提出。分离定律的内容是：遗传基因是双份的，在形成配子（即生殖细胞）时两份遗传基因发生分离，每个配子只带有一份遗传基因。这个规律也可以解读为：有性繁殖的生物，每个个体的遗传基因是双份的，一份来自父本一份来自母本，如果来自父本的等位基因与来自母本的等位基因是不同的，那么这个生物个体就是杂合体；如果父本与母本的等位基因相同，这个生物个体就是纯合体。

在提出这一定律时，孟德尔还提出了显性基因和隐性基因的概念，当一对等位基因的显性基因和隐性基因同时存在于一个生物个体时（这个生物个体是杂合体），表现出来的性状为显性基因，无法表现出来的性状为隐性基因。

我们用 A 代表显性基因，a 代表隐性基因，那么杂合体的基因为 Aa，它产生的配子（生殖细胞）有 2 种基因型，即 A 和 a，两个杂合体交配产生的后代就有 3 种基因型，即 AA、Aa、aa，而表现型只有 2 种，因为基因型 AA 和 Aa 的个体表现出来的都是显性性状，只有 aa 表现隐性性状。

2. 自由组合定律

这个定律是孟德尔在提出分离定律时同时提出的，所以被称为孟德尔第二定律。该定律的内容是：不同性状的基因在遗传给子代时是各自独立的，自由组合形成子代不同的基因型（注：一个性状代表一对等位基因，N 个性状有 N 对等位基因）。

我们用 A 和 a 分别代表甲性状的显性基因和隐性基因，用 B 和 b 分别代表乙性状的显性基因和隐性基因，那么杂合体的基因为 AaBb，它产生的配子（生殖细胞）有 4 种基因型，即 AB、Ab、aB、ab，两个杂合体交配产生的后代就有 9 种基因型，即 AABB、AaBB、aaBB、AABb、AaBb、aaBb、AAbb、Aabb、aabb，而表现型只有 4 种，这 4 种表现型分别为甲显乙显、甲显乙隐、甲隐乙显、甲隐乙隐，表达的比例为 9∶3∶3∶1。

3. 连锁互换定律

配子（生殖细胞）形成过程中，有些不同性状的基因是连锁在一起（未发生自由组合），作为一个单位进行传递，称为连锁定律。相对地，连锁的 2 个性状并没有 100% 地连锁，而是出现了一定比例的等位基因之间的交换，这称为互换定律。

这条定律是美国遗传学家摩尔根和他的学生在 1909 年通过果蝇杂交实验发现的。

1879 年德国生物学家弗莱明在细胞核中发现了染色体，1883 年美国学者提出了遗传基因在染色体上的学说，1888 年染色体被正式命名。1902 年，美国生物学家萨顿和鲍维里观察细胞的减数分裂时又发现染色体是成对的，并推测遗传基因位于染色体上。1928 年摩尔根证实了染色体是遗传基因的载体。

这些科学发现使我们很容易地理解三大遗传学定律的本质：染色体是遗传基因的载体，生物个体的染色体是成对的，每个生物个体的遗传基因包含若干对染色体，每一对染色体相对位置的基因为等位基因，生殖细胞的染色体是单条的，即生物个体的每对染色体中的一条进入一个生殖细胞，这一对染色体在进入生殖细胞时发生了分离，这就是分离规律。同一条染色体上的基因为同源基因，不在同一条染色体上的基因为非同源基因。非同源基因各自独立地分配到生殖细胞中，形成杂合基因的不同组合，这就是自由组合定律。同一条染色体上的两个或两个以上的同源基因连锁在一起（实际是以染色体为单位的自由组合）分配到生殖细胞中，这就是连锁定律。一对染色体发生了局部的互换，造成两个等位基因互相调换位置，这就是互换定律（比如原本 A 和 B 在一条染色体上，a 和 b 在另一条染色体上，互换造成了这两条染色体上的基因变成 Ab 和 aB）。

从孟德尔提出分离定律算起，遗传学研究历经 150 多年，对遗传学的研究一直在不断深入，从一开始通过群体的表现型遗传规律，到后来的细胞水平的研究，再到 1953 年美国的沃森和英国的克里克提出 DNA 双螺旋结构开始的分子水平的研究，越来越接近遗传的本质，甚至生命的本质。

（二）金鱼育种技术

育种技术是指创造新品种和培育优良品质的技术。如果每一种形态或色彩的变异都算作一个品种，金鱼到目前有 300 个左右品种。

育种技术是以遗传学为基础的技术，是随着遗传学研究的进步而发展，并且最终能实际应用并产生效果的实用技术。在金鱼育种实践中，有些育种技术已经产生了明显的效果，有些技术还未实际运用，或没有取得理想的结果，但是，了解新的技术至少能给我们打开一扇窗户，看到一条新的道路。

1. 选育技术

选育技术全称是“选择育种技术”，是指将符合人们要求的或者某些性状最接近人们所期望的个体，从一个群体中挑选出来，组成一个新的群体，并以这个新的群体的后代为下一次挑选的基础，不断重复选择和传代的过程，直至形成一个某些性状有别于最初的群体的新品种。这是一项萌芽最早、诞生最早、使用历史最久、使用最广泛的经典育种技术，同时也是基础性育种技术。

选育技术包括群体选择（混合选择）、家系选择、亲本选择和综合选择等类型。选育技术不但直接应用于培育新品种，它也是其他育种技术实际应用时重要的辅助手段。

金鱼是伴随着选育技术萌芽的诞生而诞生的。金鱼的雏形金鲫（草金鱼）就是从自然变异的红色鲫鱼中挑选出来，被人工放养于放生池，再后来红鲫鱼的后代慢慢演化成金鲫，而金鲫已经是不同于野生鲫鱼的新品种了。在金鲫的诞生过程中，“选择”这一技术操作得以实施，但是，没有对从野生鲫鱼中选出的红鲫鱼进行人为干预的传代，也没有对其后代进行后续的选择，因此，此时的选择只能称之为选育的萌芽。

从缸养时代开始，金鲫开始出现一些颜色和体形方面的变异，人们将这些出现新变异的个体留下来，作为亲鱼繁育后代，从其后代中再选择变异个体做亲鱼，开始了有意识地选种。此时的选种实为育种技术的雏形，因为当时没有人知道遗传规律，甚至不知道选择同类型变异的亲鱼配种，也不知道新的变异如果在下一代没有出现又如何再次获得这样的变异后代，下一代的表现偶然性很大，单纯的选种并不能保证逐代接近期望的目标。

直到清代后期至民国初期，有意识的人工选择使金鱼新品种大量出现，据王春元考证，这时期出现了墨龙睛、狮头、鹅头、朝天眼、绒球等 10 个重要的新品种，这正是人工选择技术应用的成果。

作为一种经典的育种手段、一种基础性育种技术，选育技术在现在依然保持着强大的生命力，在金鱼生产中，寄望从原始的突变个体选育新品种是很渺茫的，但是在种质改良、优化和保持方面，科学合理地运用选育技术是必需的。

2. 杂交育种

杂交本意是指不同基因的个体之间交配产生杂种子代。但是，由于任何两个个体之间基因都不会完全相同，比如一个脊椎动物大约有 10 万个遗传基因，两个同种甚至同胞之间，各自 10 万个基因也不可能完全相同，按照这一定义，所有的有性繁殖都属于杂交，这就使杂交这个概念变得毫无意义。所以，在一般情况下，杂交是指不同品系、品种、种、属甚至科的个体间交配获得杂种后代。或者，以某一性状为标准，这种性状不同的两个个体之间的交配，也可以称为杂交，比如，一尾红色锦鲤与一尾黑色锦鲤交配，从颜色这个性状来看，这个交配就是杂交。

杂交也是一种常用的育种技术，同时也是一种在遗传学研究中经常用到的研究和验证手段，众所周知的遗传学三大定律，都是通过杂交结果来分析、推导和验证的。而三大遗传学定律问世之后，对于杂交技术的广泛应用起到了极大的指导和推动作用。

在金鱼发展史上，1925 年之后新品种井喷式地出现，就是因为之前通过选育已经有十几个金鱼品种，这时，杂交技术被应用于金鱼育种，这十几个基础性品种提供了两三百个可能的杂交组合。

现在金鱼已经有大约 300 个品种，除了极少数品种是通过对原始变异的选育获得的，大多数品种是通过杂交与选育相结合的途径获得的。由于有庞大的品种数量为基础，杂交技术在金鱼育种中仍然有应用价值，近几年也陆续有新品种诞生，比如三色琉金、三色龙睛、蝶尾琉金等。

3. 细胞核移植技术

细胞核移植是指将一种动物的细胞核移植到同种或另一种动物的去核成熟卵内，并使这个卵子发育成为一个生命个体的技术。我国在鱼类核移植育种方面取得过引人注目的成果，处于世界领先地位。

我国已故著名生物学家童第周（1902—1979 年）先生于 1961 年率先在金鱼和鳑鲏中进行同种间细胞核移植，获得了成功，之后又陆续获得不同亚种、不同种鱼类核移植的成功。1973 年将鲤鱼的囊胚期细胞核移植到去核鲫鱼卵中，获得了具有繁殖力的“鲤鲫鱼”，这也是最早成功的属间核移植。

我国在 20 世纪 70 年代之后开展了比较多的细胞核移植研究，取得了一些研究成果，特别是在鱼类细胞核移植方面取得了许多研究成果，甚至培育出有实用价值的养殖新品种。

在金鱼方面，目前还没有通过细胞核移植获得的新品种，但是不能否认细胞核移植作为一种先进育种手段的价值，主要是在金鱼品种间的尝试还不够多，还没有获得有经济价值的成果，随着这项技术的发展和不断增多的尝试，或许有一天会诞生一个细胞核移植金鱼新品种。

4. 人工雌核发育技术和雄核发育技术

曾经有人将雌核发育技术和雄核发育技术一并称作“单性繁殖技术”，或分别称为“孤雌生殖”和“孤雄发育”，但是这样的说法是不科学的，现在生物学界公认的称谓是雌核发育技术和雄核发育技术。因为到目前为止，已知的相关研究，都不是完全只利用单一性别达到生殖的结果，所谓的孤雌生殖实际上有雄性生殖细胞的参与，而孤雄发育甚至还需要雌性提供卵子。

雌核发育是指卵子经精子激发后开始发育，精子所携带的遗传物质不参与其发育，发育成的个体只带有卵子本身的遗传物质的有性生殖方式。而孤雌生殖真正的含义是没有雄性参与的生殖方式。

自然界有孤雌生殖的动物存在，比如蜜蜂、枝角类、轮虫甚至个别脊椎动物。

自然界也存在雌核发育的生殖方式，特别是在鱼类中，天然雌核发育的种群屡见不鲜，比如方正银鲫、彭泽鲫以及某些花鳉科鱼类。雌核发育的鱼类有一个共同特点，后代与其母亲的染色体组型完全一样。

人工雌核发育的操作分 3 步：①破坏精子的遗传物质。②人工授精。③诱使雌性遗传物质二倍化。

使精子遗传失活的方法包括辐射处理和化学处理，辐射处理主要是 γ 射线（钴 ^{60} 作为辐射源）、X 射线、紫外线灯，化学处理是用甲苯胺蓝、乙烯脲、二甲基硫酸盐等。

诱使雌性遗传物质二倍化就是使单倍体雌核（只有一套染色体）变成二倍体，

有两个途径，一个是抑制受精卵（实为激活卵）第二极体的形成和排出，二是抑制激活卵的第一次卵裂。具体操作方法包括物理方法、化学方法和远缘杂交法。其中物理方法是温度休克法和静水压法，化学方法则是用秋水仙素等。远缘杂交则是用不同种甚至不同科的杂交，精子刺激了卵子的发育，但精子所携带的遗传物质不能发育。

雌核发育的研究开展得比较早，积累了大量的研究成果，我国鱼类雌核发育研究的高峰期是 20 世纪 80—90 年代，研究达到了世界先进水平，有不少研究成果在生产上得到应用。

人工雌核发育在水产业上的应用主要包括两方面，一是性别控制，二是快速建立纯系。

在金鱼育种方面，目前还没有应用雌核发育技术的实例，但是在保持名贵品种种质、稀有特征的遗传、快速稳定新品种遗传特质等方面，有良好的应用前景。

雄核发育是指只有雄性遗传物质而无雌性遗传物质参与，使卵子或细胞发育成只带有雄性的遗传物质的个体的有性生殖方式。

迄今为止，没有发现天然雄核发育的存在，更没有哪个生物种群靠这种方式延续繁衍。

人工雄核发育的操作方法与人工雌核发育类似，不过遗传灭活的对象是雌核，而且人工雄核发育的成功率比人工雌核发育低很多。

5. 多倍体育种

所谓多倍体是指体细胞内含有三个或三个以上染色体组的个体。

一般正常生物个体是二倍体，即每个细胞内的染色体是二份（或称二套染色体）。但是，天然的多倍体也广泛存在，特别是在植物中，例如，显花植物中有不少于 1 000 个物种是多倍体。

在鱼类中，多倍体也比较普遍，鲑鱼和鮰鱼都是四倍体，胭脂鱼科所有物种都是四倍体，鲤科鱼类有很多是四倍体。据研究，鲤属、鲫属和鲃属的染色体数是 100~104，而一般鲤科鱼类染色体数是 50，这些应该是二倍体，那么，染色体数翻倍的种类显然是四倍体。由于这些鱼类多倍体出现得比较早，后来二倍体化了，所以这些鱼的表现已经与二倍体无异了。还有一些鱼类是三倍体，比如银鲫、彭泽鲫、淇河鲫等。

诱导多倍体鱼类的方法与人工诱导雌核发育类似，差别只在于：诱导多倍体所用的精子是正常的，不需要在受精前破坏其遗传物质。

人工诱导产生的多倍体主要是三倍体和四倍体，多数情况下三倍体较多，有时四倍体较多，这和诱导的时间有较大的关系，和诱导方法也有一定关系。如果诱导发生时卵子的第二极体未排出，施加的诱导使其退回卵子内，成为第三套染色体，重新进入卵子的遗传体系，那么很可能产生的是三倍体；如果诱导发生时卵子的第二极体已排出，受精卵当时是二倍体，而诱导破坏了第一次卵裂，使复制完毕的染色体不能分成二份，分别进入一个胚胎细胞，而是成为一个带有四组染色体的细胞，然后在此基础上重新开始染色体复制和卵裂，那么产生四倍体的可能性较大。

诱导方法与产生的多倍体的倍数也有很大关系，比如说，用热休克、冷休克诱导产生的多倍体以三倍体为主，而使用秋水仙素、细胞松弛素 B 等化学试剂诱导，产生的多倍体则以四倍体为主。

人工诱导鱼类多倍体的研究开始于 20 世纪 40 年代，我国开展此研究的高峰是 20 世纪 80—90 年代，并在 21 世纪持续开展，目前居于世界先进行列，取得了大量研究成果，一些研究成果进入了实际应用。

人工诱导多倍体技术在金鱼育种和生产上有值得期待的美好前景，比如人工诱导三倍体金鱼生长速度快、个体大、抗病力强，可以带来更好的经济效益；三倍体金鱼很可能是不育的，可以借此防止种质扩散。

6. 诱变育种技术

所谓诱变育种就是用物理和化学因素诱使生物的遗传基因发生突变或者提高生物发生基因突变的概率，从而获得新基因的育种手段。

诱变按采用的方法分为辐射诱变和化学诱变。

辐射诱变是用射线处理微生物、生物的生殖细胞（精子或卵子）、受精卵（植物种子）等，所采用的射线主要有：电离辐射线、X 射线、α 射线、β 射线、γ 射线、中子射线、紫外线、红外线、激光、微波、超声波等，甚至多种成分的宇宙射线也是诱变育种的一种选择。

辐射诱变的原理是用射线冲击破坏生物的 DNA、RNA 的分子结构或染色体结构，使它们在修复、重组时发生错误，产生变化。射线的种类、剂量影响辐射诱变的效果，过大的计量将造成种子（或卵子）等直接死亡，过小的剂量又产生不了作用。

化学诱变则是用化学诱变剂处理微生物、生物的生殖细胞（精子或卵子）、受精卵（植物种子）等，诱使其发生基因突变或大幅度提高基因突变的概率。

目前已知的可作为诱变剂的物质有 1 000 多种，主要是以下几大类别：

①碱基类似物。遗传物质是脱氧核糖核酸（DNA）（少数病毒是核糖核酸 RNA），是一种由一系列脱氧核苷酸链构成的大分子。脱氧核苷酸又是由脱氧核糖、磷酸和含氮碱基组成，碱基有 4 种，分别是腺嘌呤（A）、鸟嘌呤（G）、胞嘧啶（C）和胸腺嘧啶（T）。向生物细胞核内施加碱基类似物，使其在 DNA 复制时混入其中，取代其中相似的碱基，于是 DNA 就发生了变化，突变就发生了。

②烷化剂。这类物质都带有烷基，自由基如甲基、乙基等能引起碱基变化或造成配对错误，从而使 DNA 产生异变。

③简单的无机化合物。亚硝酸盐就是其中一种，据研究认为，亚硝酸盐是自然突变的主要诱因。

④简单的有机物，如甲醛等。

⑤抗生素类，某些不常用的抗生素据说有诱变作用。

⑥某些复杂的有机物，如苯的衍生物等。

诱变作为育种手段的好处是：大幅度提高了突变概率，操作方便，周期短，有时会产生意想不到的结果。缺点是：突变无法预料，方向难以把握。

在金鱼育种方面或许诱变值得去尝试，因为出现有价值的变异是完全可能的。

7. 转基因技术

又称基因转移技术或基因植入技术，是指将外源基因通过生殖细胞、受精卵或早期胚胎导入生物的染色体上。

转基因技术开始于医学界对遗传性疾病的研究和治疗，20 世纪 80 年代开始，畜牧业、水产业等领域引入该技术，对动物转基因技术进行了大量研究和应用。我国在鱼类转基因技术研究方面开展得比较早，20 世纪 80 年代后期，中国科学院水生生物研究所的朱作言研究员成功地将人类生长基因转移到泥鳅和鲤鱼的受精卵，并培育为幼鱼和成鱼，证实移植的基因片段在受体内能合成基因产物。此后 30 年来，我国许多研究人员进行了大量的鱼类转基因研究，取得了丰硕的研究成果，使我国的鱼类转基因技术居世界先进行列。

观赏鱼方面，2003 年中国水产科学研究院珠江水产研究所白俊杰研究员领导的团队成功研发转红色荧光蛋白基因唐鱼（转基因唐鱼），2006 年台湾邰港生物科技发表了（实际 2002 年已推向市场）全球第一条全身型红荧光基因鱼“邰港红色 1 号”。

鱼类转基因的操作包括5个步骤：

①获得目的基因。一个外缘基因至少包括3部分：启动子、编码序列、转录终止信号。

②基因克隆。获得的基因序列克隆到质粒或噬菌体中，并在匹配的菌株中扩增。

③受体鱼受精卵或胚胎的获得。

④注射基因。用显微注射将目的基因注射到受精卵（或胚胎细胞）内。

⑤注射后鱼卵的培养。

转基因技术是目前最热门的实用性生物技术之一，应用前景非常广阔。在观赏鱼领域，转基因观赏鱼不会对人类产生直接的或可以预见的危害，不需要像食用动植物的转基因品种有那样多的顾忌或潜在危害，不过，考虑到其逃逸可能会给自然界带来潜在的隐患，我国现在还没有批准其投放市场。但是，鉴于转基因技术在快速创造新品种、改善观赏鱼经济性状等方面的有实用高效的突出优势，相信必有其绽放光彩的一天。

（三）金鱼种质改良

金鱼的市场价值与其品相有很大的关系，同规格比较，品相好的金鱼价值比品相差的高数倍甚至数十倍，因此，产品品相好的金鱼养殖场，经济效益比产品品相一般的金鱼场要好得多。

金鱼品相的好坏，很大程度上取决于其遗传基因（养殖管理也有较大关系），所以，养殖场应努力改良其金鱼群体的基因，并将优良基因保持下去。

改良和保持优良基因的方法和要求主要如下。

1. 建立相关标准，实现标准化生产

在国际市场上，我国出口的金鱼价格远远低于日本金鱼，原因是我国金鱼品相差，差在形态不统一。我国的金鱼产品，同一品种、同一批次，尾鳍有长有短，头瘤有大有小，身体有胖有瘦。反观日本金鱼，条条形态一样，整齐划一，一眼看去，自然是日本金鱼更胜一筹。而我国金鱼产品中，不乏比日本金鱼品相更好的个体，但是，究竟哪些品相更好也没有一个权威的裁定，因为没有标准。

所以，必须制定国内公认的金鱼产品质量标准、等级标准。为使产品达到优

质品的质量标准，企业应该建立相应的亲鱼质量（种质）标准、良种培育体系、繁殖育苗操作标准等。

2. 建立科学的良种繁育体系

建立科学的良种繁育规则并严格执行。这些规则包括：关于亲鱼来源及更新的规则、关于亲鱼数量的规则、亲鱼质量要求、配对繁殖操作要求、后备亲鱼养殖管理规则等。

养殖场应明确产品质量目标，为实现产品（商品鱼）质量目标所需要的亲鱼质量，确定为保持高质量种质的延续、防止种质退化，保持后备亲鱼遗传多样性所采取的良种选育策略，在保证产品质量优良和一致的前提下，最大限度地保证繁殖群体的遗传多样性。

举个例子来说，假设某金鱼场的产品之一是黑龙睛蝶尾，首先应制定本养殖场关于黑龙睛蝶尾的质量和分级的企业标准（可以根据水产行业标准《金鱼分级 蝶尾》加以细化，甚至提出更高的要求，但是分级的具体指标建议不要改变，可细化），以一级商品鱼为生产目标，据此制定本养殖场的《黑龙睛蝶尾 亲鱼》企业标准，对亲鱼的品相（颜色、形态）、年龄、规格、生长速度等提出明确要求，然后以《黑龙睛蝶尾繁殖操作规范》企业标准，规定繁殖配对方式（包括如何催产，是催产后自然产卵还是人工授精；自然产卵又如何配组，是以 1 尾雌鱼配 2 尾雄鱼，还是一批十几组甚至几十组同池产卵；什么规格的雌鱼配什么规格的雄鱼等）。后备亲鱼的来源及质量是保证其优良品质延续的关键，是良种繁育体系的核心，为此，应明确是建立家系还是用集体选择的方式选择后备亲鱼，要有保证避免后备亲鱼亲缘关系太近的措施。后备亲鱼的补充可以与商品鱼繁殖分割为两个体系，即专门设立一个繁殖体系来补充后备亲鱼；也可以在一个体系，即从商品鱼中挑选后备亲鱼，关键是要保证后备亲鱼之间亲缘关系不可太近，保证亲鱼群体的遗传多样性足够丰富。

3. 养殖和繁殖过程中避免逆向选择

不恰当的养殖条件会造成金鱼变异并接受自然选择，使其品质下降，逐代影响的结果是遗传基因的改变即种质的下降。打个比方说，将金鱼养在大塘中，外形会向着有利于快速游泳的方向发展，体形拉长、头瘤缩小、尾鳍变短变硬，从其中挑选长得最快的那批鱼，挑到的往往是适应得最好的，游泳最快的，最不漂亮的，而那些品种特征最好的个体，比如头瘤最大的，已经在生存竞争中被淘汰了。

在挑选亲鱼时，有些鱼池将伤残的、生病留下疤痕的个体留下来做亲鱼，认为后天的损伤或疾病不会影响基因，这样的选种属于人为的逆向选择。因为，后天的伤残和疾病虽然不会遗传，但是，发生伤残和疾病和鱼本身的种质并非毫无关系，可能正是遗传基因的缺陷，使这些鱼比其他的鱼更容易发生伤残或疾病。

二、金鱼的繁殖

金鱼起源于鲫鱼，与野生的鲫鱼属同一物种，属鲤形目鲤科鲫属，其繁殖习性仍与其祖先鲫鱼一样，主要特征是：一周年即可性成熟（实际仅 8 个月），卵巢发育不完全同步，成熟的个体一个产卵季节可产卵 2~3 次，成熟个体越冬期生殖腺处在第 Ⅳ 期，当水温上升到 15℃以上，在流水或雨水、鱼巢刺激下，即可产卵繁殖。金鱼产黏性卵，春季雌鱼成熟系数（指卵巢的重量占体重的百分比）20%左右，相对怀卵量（雌性亲鱼单位体重含卵粒的平均数）约为 200 粒 / 克（相当于体重 100 克的雌鱼含 2 万粒卵），多数群体中雌性略多于雄性。2~4 冬龄雌鱼，2~3 冬龄雄鱼为繁殖鼎盛年龄。

（一）雌雄鉴别

在繁殖季节金鱼性征明显，雄鱼的鳃盖和胸鳍第一根鳍条上会出现许多白色的小突起，被称为“追星”（或“锥星”），肉眼可以观察到，手感也明显粗糙，而雌鱼没有“追星”，全身手感滑腻。

非繁殖季节，金鱼的性别难以准确判断。雌雄体形上有细微的差异，雌性总体比雄性更丰满，但这种差异难以用于准确判断具体一尾金鱼的性别。另外，有人认为雌鱼腹部比较柔软，可以用于性别判断，但是，即使在繁殖季节，人们也很难据此做出准确判断。

（二）后备亲鱼培养

选留 1~3 冬龄的雌鱼、2 冬龄以内的雄鱼进行培养，供来年繁殖使用。也可在秋季从适当年龄段的商品鱼中选择后备亲鱼。选留后备亲鱼的要求是：符合品种优等品特征；健康，无严重损伤；肥满度适中；生长速度在同批次同品种中属于中等偏上。

将选好的后备亲鱼按照 2~3 尾 / 米^2 的放养密度，在 10 米^2 左右的水泥池中培养，蓄水 30~35 厘米深，水泥池不必洗刷太干净，最好池底和池边保留适当的青苔，以免金鱼游动擦伤身体。

夏季在室外的水泥池养殖时，应有遮光设施，遮挡 80%~90% 的直射光，防止水温过高，同时，蓄水深度可适当调高至 50 厘米左右。

投喂的饲料主要为含蛋白质 35% 以上的颗粒饲料，每天 2~3 次，春秋季节为早晚各一次，夏季为早上 7：00~8：00、上午 10：30~12：00、傍晚 6：00~7：00 各投喂一次。中间可经常性地补充青饲料，如浮萍、芜萍等。动物性饲料如枝角类、水蚯蚓、血虫（摇蚊幼虫，常用作七彩神仙鱼、燕鱼等的饲料）为金鱼所喜食，也对金鱼性腺发育有益。如条件许可应经常投喂，但是如果投喂水蚯蚓，一定要在投喂前漂洗干净，并且消毒，以防止水蚯蚓携带的病菌和寄生虫对金鱼造成的危害。

秋季水温下降到 18℃以下时，应给后备亲鱼适当的保温，尽量防止金鱼生活在 10℃以下的水体，竭力避免金鱼在 0℃以下的水体过冬，因此，在北方可能要将金鱼移至室内过冬。

后备亲鱼进入越冬期时，应将雌雄分开，在不同的池或盆中培养，以防止在水温上升到 15℃以上时自行繁殖，影响批量生产。

（三）配对繁殖

水温稳定在 18~25℃时，是金鱼繁殖的最佳时机。水温过低，则产卵量少，而孵化时间过长，容易生长水霉，影响孵化率；水温过高时，卵子容易过熟，受精率下降，鱼苗畸形率升高。

一般清明前后，是我国南方最适宜金鱼繁殖的季节，长江与黄河之间的地区，节气晚 15~20 天；黄河以北及高海拔地区，节气更晚。傍晚时分将亲鱼配组，雌雄比例 2∶3~1∶3，雌性个体规格应大于雄性，将配组的金鱼按同品种同池，放入蓄水 30 厘米深的产卵池、盆或缸，随即投入鱼巢，并将鱼巢固定防止随波逐流。凌晨一两点钟向产卵池冲入新鲜水，一般在 3：00~5：00 会出现产卵高峰。如果夜间有较大的降雨，可以省去冲水步骤。第一轮产卵过后，应立即将受精卵移入孵化池，以免鱼卵被吃掉，同时再向产卵池投入新的鱼巢，还会收取到一定量的鱼卵。

多功能池

这一排水泥池实际是金鱼场常见的养殖、繁殖、孵化多功能池，面积 10 米 ^{2} 左右，深度 50~60 厘米，进水管、压缩空气输送管到达每个池。

金鱼鱼巢一般用棕丝、麻丝、塑料皮绳、松树枝、柳树根扎制，或直接用水葫芦或水草，使用前用孔雀石绿浸泡消毒，沥干备用。

目前，为了集中时间获得大量受精卵，人们通常给金鱼注射催产药物，之后，按照与传统自然产卵类似的步骤，完成金鱼的产卵和收集。催产针注射于胸鳍基部，注射剂量按每千克母鱼的注射剂量计算（雄鱼剂量减半或不注射），有下列主要药物配伍可供选择：a，LRH-A 30 微克；b，LRH-A 20 微克 +DOM 20 毫克；药物以淡水鱼类生理盐水（0.65%）为溶剂配置，一次性注射。傍晚注射，凌晨产卵，22℃时效应时间为 15 小时左右。

金鱼也可以采用人工授精的繁殖方式。由于金鱼个体较小，怀卵量一至数万而已，所以生产上一般不采用。因育种或科研需要，必须指定亲鱼一对一配对时，人工授精成为必然选择。

为确保获得大量同时成熟的卵子，人工授精前一般要注射催熟针，与催产针剂量方法相同。将注射催产针的亲鱼放入同一只鱼缸或鱼盆，放一小把鱼巢，大约 8 小时后，观察到雄鱼紧追雌鱼不放时，即可进行人工授精。先将雌鱼捞起轻握于掌中，用干毛巾或纱布吸去表面的水，将鱼的泄殖孔对准容器（事先擦干）方向，用握鱼手大拇指从鱼的腹部向下推动直达泄殖孔，大部分的成熟卵子即已排出，重复推压 1~2 次，采卵完成。迅速捞起雄鱼，使用与采卵相同的步骤，将金鱼的精液直接射向采集到的卵子，用干鸡毛迅速将精卵搅拌均匀，快速搅拌 30~60 秒后，将其均匀泼向鱼巢，或一边倒一边转动鱼巢，使卵子均匀附着于鱼巢上。

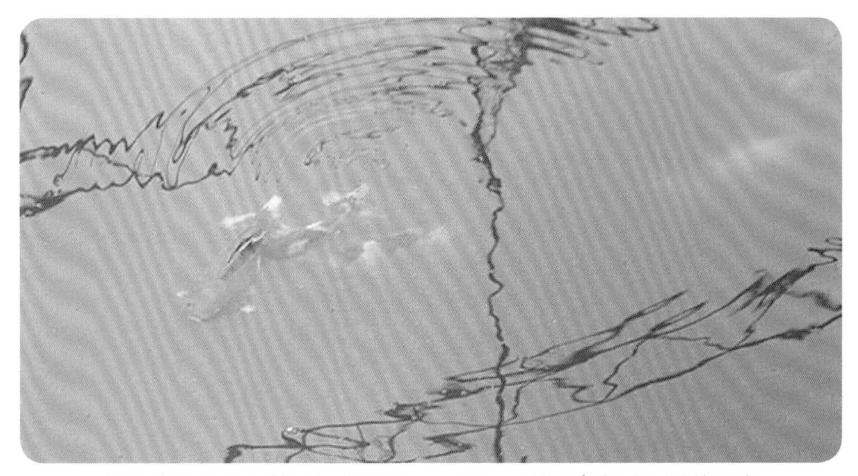

和金发情时两尾雄鱼正在追逐一尾雌鱼，说明产卵时间即将到来

剪下的一段附着金鱼卵的鱼巢分枝

（四）孵化

有几个重要的因素影响金鱼孵化的成败，主要包括：水温、溶解氧、水质、光照。

水温是孵化的基本条件。孵化期的长短与水温呈负相关关系，即水温越高孵化时间越短。水温低于 15℃受精卵发育停滞，基本无法孵化；水温 20℃孵化期约 100 小时；水温 23℃孵化期大约 72 小时；水温 28℃孵化期大约 48 小时；水温高于 30℃孵化时间进一步缩短，但畸形率大幅度升高。

金鱼受精卵孵化要求的溶解氧含量为 3~8 毫克 / 升，比金鱼幼鱼和成鱼要求的溶氧量下限更高。受精卵是一个独立的生命体，每时每刻都在进行着生命活动，在通过卵膜吸收氧气排出二氧化碳，其内部的生命活动的强度比幼鱼和成鱼都要高，所以需要更高的溶氧量。另外，金鱼的受精卵黏附在鱼巢上，位置相对固定，需要流动的水为它们补充氧气。

孵化水源的水质要求与幼鱼、成鱼养殖水源基本相同，酸碱度宜为弱碱性至中性，有机质含量不要太高。孵化过程中受精卵会排出含氮物质，继而转化为有毒的氨、亚硝酸盐等，特别是鱼苗出膜时，排入水体中的含氮物质会大幅度增加，这是孵化时需要重点关注的问题。

光照方面没有严格要求，主要是避免阳光直射。适量的阳光照射能减少霉菌和其他病菌的侵害，但是阳光直射到一定强度，会使鱼苗畸形率增加，甚至直接杀死鱼卵。

实际操作一般用 5~10 米 ^{2} 的水泥池作为孵化池，以便于下一步的鱼苗培育工作，也可用其他非金属容器孵化。蓄水 25~30 厘米，配备增氧气泵，使池中每 1~3 米 ^{2} 有一个出气头，置于鱼巢之间的空隙位置（不可使气泡直接对着鱼巢），中等出气量，要有适当的遮光设施防止太阳直射，并且要适当地避风和防雨，其根本目的就是避免水温骤升骤降。

鱼巢移入孵化池前先用 30 毫克 / 升亚甲基蓝溶液浸泡 10 分钟，估算好鱼巢上鱼卵的数量，池平均受精卵密度应不大于 1 万粒 / 米 ^{2}，并且将鱼巢相对均匀地分散在池内，这样可以基本保证不会因缺氧而降低成活率。

孵化中后期，根据水质情况，可适当换水。鱼苗开始出膜，要更加频繁观察水质变化，如果水质恶化很快，要立刻用比较柔和的操作大量换水。鱼苗出膜后，鱼巢保留在原地 2 天，因为刚出膜的鱼苗鳔正在形成中，尚无平游能力，需要鱼巢供其吸附、栖息。

（五）鱼苗培育

金鱼鱼苗一般用水泥池或陶盆培养，蓄水 25~30 厘米深。初时养殖密度可达到 1 000 尾 / 米 ^{2}，1 周后分池或转入更大的池培育，将养殖密度降低至 200 尾 / 米 ^{2} 以下。以后每隔一段时间，随着鱼苗的生长，要不断降低养殖密度，以保证水质、溶解氧能达到养殖要求，同时减少空间压迫感。

金鱼刚出膜 2~3 天内，卵黄囊中的营养物质尚未完全吸收掉，鱼苗不需要进食。出膜 3 天后，将鱼巢取走，先用熟鸡蛋黄匀浆，沿鱼池四周泼洒，每天每万尾鱼苗喂 1 个蛋黄，分 3~4 次投喂，2 天后增加到每万尾鱼苗 2 个蛋黄，喂蛋黄 5 天后，应及时改为喂食浮游动物——主要是轮虫和小型枝角类。鱼苗开口后大约 10 天，已经长到 1 厘米以上，可以摄食大型浮游动物，此时，尾鳍的形状已经可以肉眼辨别，应及时挑选，淘汰单尾和尾鳍有残缺的个体，疏通生长空间，减少饲料浪费。以后，每隔大约 1 周时间挑选一次，至全长 3 厘米时，90% 以上畸形的鱼苗都应该淘汰掉了。

此时，鱼苗基本长成大鱼的体形（但是，多数品种的赘生物还没有长成甚至没有出现），进入平稳生长阶段，可以摄食红虫、血虫、水蚯蚓、人造微粒饲料等。

（六）非规模生产条件下的繁殖和育苗

繁殖是金鱼玩赏中的乐趣之一，成功的繁殖金鱼也能增添养殖者的成就感，还可以帮助养殖者获得对遗传规律的直观认识，甚至创造新品种。因此，繁殖金鱼是很多金鱼爱好者乐于尝试的活动。

金鱼养殖爱好者在非规模生产条件下繁殖金鱼、培育金鱼苗，原理与规模生产并无不同，但受条件限制，主要是没有水泥池或土池，鱼缸数量也比较少，所以操作方法有所不同。

首先还是要具备最起码的物质条件，最少要有 2 个鱼缸，不少于 2 个出气头的气泵，不少于 2 对 1~3 冬龄的金鱼。

秋季加强饲喂，每天投喂至少 2 次，每次投喂量控制在八九分饱，饲料以含蛋白质 35% 以上的浮性颗粒饲料为主，并要经常性地补充一些富含维生素的青饲料（如切碎的绿色菜叶）。冬季让鱼缸的水温逐渐下降到 10~15℃，其他饲养管理和水质管理按正常养殖要求执行。春季回暖后，先清除鱼缸中的丝状和带状物品（类似水草叶和植物根系的物品）。如果养殖缸中种植了水草，则不宜用此缸繁殖，应另设繁殖缸。

繁殖缸容量 50~200 升，不做任何内部装饰，视鱼缸大小放 1~2 个气石打气，或直接用气动生化棉过滤器，或另外装一个简易过滤装置。放 1~3 对亲鱼（繁殖用种鱼的专业称谓），同一鱼缸中的亲鱼宜为同一品种，并且雌雄都有。繁殖缸置于半开放半封闭的环境（比如有窗户的阳台或可开窗的房间），让繁殖缸的水温跟随自然节律逐渐上升，当外界气温上升到 25℃，同时繁殖缸水温上升到 20℃以上时，把水换掉至少 1/2（全换掉也可以），换好水之后放入鱼巢，停止喂食，然后每天早晚观察繁殖缸的情况，发现卵巢上有卵，就取出另用小缸孵化。如果鱼缸不够用，则要根据产卵数量多少采取不同对策。产卵数量少，把有鱼卵的鱼巢取出来，放在脸盆或水桶里孵化，同时繁殖缸里要保持有适量的鱼巢，供亲鱼继续产卵用；产卵数量多（多少没有绝对标准，你认为够用了就算多），则将亲鱼捞回养殖缸，鱼巢保留在繁殖缸，换上新水开始孵化。

小鱼缸中产卵所用的鱼巢大小要与鱼缸大小相协调，不可小到无法承载几千粒鱼卵（理论上一尾 100 克的雌鱼能产 2 万粒卵），也不可大到使亲鱼无法穿行到鱼巢的另一面。

孵化期间，孵化缸里不但要打气充氧，还要过滤净化，采用兼负充氧和过滤两种功能的气动生化棉过滤器是理想的选择，而且气动生化棉过滤器在鱼苗培育时也是需要的。如果受精卵的数量很少，孵化密度小于 100 粒 / 升，那么没有充氧设备也无妨。

家庭养殖条件下，培育金鱼鱼苗比规模化生产条件下更难，主要是因为水体太小，水温、水质不稳定，水体没有自净能力，水质极易恶化，而且水中完全没有天然饵料，一切营养由人投入。

用缸、盆这样的小容器养鱼苗，首先是养殖密度必须小，而且随着鱼苗长大，密度还要进一步减小。刚开始时，鱼苗密度可以达到 100 尾 / 升，鱼缸放在避风、光线适中的位置，每天投喂熟鸡蛋黄化成浆水，每天不少于 3 餐，投喂量不要太多，因为 1 个鸡蛋黄可供 1 万尾鱼苗吃 1 天。每天至少吸污 1 次，把吃剩的蛋黄吸掉，换水1/3~1/2。这样投喂3天后，可以改用粉状配合饲料（难以购买到金鱼苗专用粉状饲料时，可以用鳗鱼粉状饲料、鲟鱼粉状饲料、米糠等代替），每天每万尾鱼苗投喂10克左右，这时养殖密度应减小到50尾/升左右。开口后第4~10天，可投喂0#鱼苗破碎饲料，或者浸泡软化的花生粕或豆粕。此时，放养密度应进一步减小，视鱼苗的规格调整。体长1厘米，放养密度10尾/升左右；体长2厘米，放养密度2尾/升左右，可投喂最小粒径的颗粒饲料；体长3厘米，放养密度1尾/升左右，基本上按商品鱼来养殖了，各种饲料都可以，关键是适口。

如果能捞到枝角类浮游动物（多数地区俗称红虫，广东俗称水蛛），喂养金鱼苗效果比人工饲料更好。要注意不同阶段用不同规格的浮游动物：开始1~3天用最小的，也就是轮虫或草履虫；第4~10天，用中型浮游动物，枝角类中个体较小的或最小的丰年虫；开口10天以后或者体长1厘米以上，可以用中等规格的枝角类或丰年虫投喂；体长达到2厘米后，可以投喂各种规格的浮游动物、血虫、水蚯蚓。

不会控制鱼苗密度，舍不得淘汰多余的鱼苗，是业余爱好者培育鱼苗不成功的最常见的原因。过高的密度或足量投饵使水质迅速败坏或投饵不足使鱼苗生长停滞、体质虚弱，都会造成鱼苗无法正常生长，甚至造成大批量地死亡。

三、金鱼的生产技术

金鱼的生产不同于家庭养殖，生产的目的是利润，因此追求产量成为必然。而产品质量对产值的影响同样很大，高质量产品需要投入更高质量的管理、更多的人力成本，并且一定程度上牺牲产量。所以对质量的追求要考虑质量成本，养殖场需要在质量成本和质量价值之间做出抉择或平衡。

正是出于质量、价格与产量之间的平衡的考虑，多数金鱼养殖场、多数金鱼品种的养殖方式是水泥养殖池（2米^{2}以上的大塑料缸或玻璃纤维缸与水泥养殖池相同）养殖。在此，主要介绍以水泥养殖池为主的养殖模式。

（一）养殖设施

水泥养殖池以圆角的长方形为宜，也可以建成正方形、圆形、椭圆形、八角形等对称性几何形状，要求坚固，无渗漏，内壁光滑。多数金鱼养殖池都是长方形圆角水泥池，因为长方形的土地利用率高，排布水管、气管等设施比较方便。

不同阶段推荐使用的池的规格不同（表 4）。

表 4　池的规格

类　型	面积 / 米 ^{2}	深度 / 厘米
育苗池	1~20	30~40
鱼种池	5~20	30~60
商品鱼池	5~100	30~60
亲鱼池	5~20	30~60
产卵池	1~10	30~60
孵化池	1~20	30~60

育苗池是用来培育刚孵化出的鱼苗至体长 2.5~3 厘米这个阶段金鱼苗的。这个阶段，鱼池规格不宜过大，主要是为了方便操作。因为鱼苗培育阶段放养密度大，一个平方米放养数千尾鱼苗，如果鱼池太大，放养数十万尾的话，一方面同时出生的同品种鱼苗可能没那么多，浪费水面；另一方面，水面太大投入的饲料不能覆盖全池，可能造成生长速度不一致，给下一阶段养殖增加麻烦。还有，面积大了换水排污不方便，同池鱼苗数量多了，挑鱼也不方便。

在多数金鱼养殖场，鱼池往往是多功能的，产卵池、孵化池、育苗池甚至亲鱼池都可以用同规格的鱼池，甚至不设鱼种池，因为金鱼往往并不专门划分出“鱼种阶段”，体长达到 2.5~3 厘米就直接作为鱼种，向商品鱼方向培养。

商品鱼池是指把体长 5 厘米以上的金鱼养到上市销售的鱼池。体长 5 厘米以上的鱼苗一般至少养殖到 10 月初，才算是真正的商品鱼。尽管在市场上可以见到体长甚至不到 5 厘米的金鱼，我们认为这种规格的金鱼不能算作正式的商品鱼，只能算外卖的苗种。常见的商品鱼池为 20~50 米 ^{2}，太小养殖数量少，太大则池的建造难度大、成本高，而且操作不便。

水泥池要进排水方便，每个鱼池设一个独立开关的进水口，其位置紧贴池壁，进水口高度等于或略高于鱼池最高蓄水位。排水管口位于池底中心点，或进水口相对角的底部，池底略向排水口倾斜。排水口上方宜加可更换的防逃罩。池中养殖的金鱼规格越小，防逃罩的网孔应越小，而防逃罩的直径应越大。排水口阀门设在鱼池外。最高水位线设一朝向排水沟渠的溢流管孔。

养殖池上方架设遮阳网，遮阳网遮光率≥ 80%。遮阳网支架应坚实耐用，并带有方便遮阳网片装拆的构造，遮阳网片根据季节装拆。鱼池上宜设遮雨篷。遮雨篷与遮阳网使用同一支架。遮雨篷支架的跨度和斜度应适当。遮雨篷应使用轻便而结实的材料。不盖遮阳网的时段鱼池上方设防鸟网。防鸟网与遮阳网使用同一支架，用轻便而结实的尼龙网制成。

如果遮阳网和遮雨棚同时使用，或者直接采用具有遮阳和遮雨双重功能的黑白格塑料篷布。支架承受的重量比较大，因为不但所支撑的篷布有一定重量，而且有下雨刮风的冲击力，所以一般都采用钢架结构。支撑杆和棚顶的主杆所用的钢管直径一般不小于 50 毫米。遮雨篷布一般只覆盖在棚顶，侧面用大网目的渔网或遮光率较低的遮阳网遮挡。

宜采用气泵向鱼池充气增氧。远距离送气的管道宜采用 PVC 塑料管，至池边再用塑料软管连接气石。一般每 1~3 米 ^{2} 水面配置 1 个气石，气石分布尽量均衡。气泵宜采用风量大、风压较低的类型，在相同功率下的效果比风压高的气泵更好。因为金鱼池水比较浅，气泵风压高是一种浪费，而气量大则可以增加出气头，弥补因水位浅造成每个气头影响范围小的缺陷。

金鱼养殖场应该建造蓄水并处理源水的设施，具体何种结构、多大规格，主要取决于水源及鱼场的用水量。如果使用自来水作为养殖水源（不推荐采用，因为成本太高，而且很多地区自来水都较短缺），蓄水池的容量要达到鱼场养殖满负荷时水体总体积的 1/5 左右。水池要有适量光照，池水要用气泵不间断冲气，使自来水中的氯尽快挥发。

如果水源为井水，必须检测其酸碱度、硬度、重金属含量，合格方能使用，高硬度的水经软化方能使用。蓄水池的要求和自来水作水源的情况类似，此蓄水池的作用是让水温与表层水温接近，同时增氧水中的溶氧量。

如果水源为地表水（江河、湖泊、池塘等水体），水源处理池（包括蓄水池）一般要分两级，第一级杀菌消毒，第二级净化、沉淀。一级池的结构和大小取决于采用的消毒方式。如果采用药物消毒，该级池的大小和自来水蓄水池差不多；如果采用紫外光或臭氧杀菌，该级池的容积只要蓄水池的 1/10 就够了。二级池的功能是蓄水并去除水中的有机物和无机微粒，所以一般在一级池和二级池之间安装滤布或滤网，先去除大部分的固形物，然后在二级池内安装生物净化系统，蓄满水之后持续循环过滤，去除溶解于水中的有机物（主要是含氮物质）。二级池的容积与单一蓄水池相当。

原水经过消毒和水质处理，经检测确认水质符合 NY 5051 要求后方可进入鱼池。原水处理设施应在结构上满足消毒、物理过滤、生物净化的需要，日平均处理能力应超过鱼场的日平均换水量。

商品鱼池、鱼种池应配备水质净化装置。鱼池内的净化系统设计应避免高速的水流，不论是过滤系统的出水口还是入水口都是如此，这是因为金鱼体形肥胖，游泳消耗大，水流越大消耗越大，而且长期顶水游泳会使金鱼体形变瘦，变成适合快速游泳的流线型，而这种体形的金鱼不是养殖者想要的。鉴于此，鱼池净化水装置可以采用内置式气动过滤水槽，或者用低扬程大口径水泵驱动水流的过滤槽。

有些阶段、某些品种不一定用水泥池养殖，也有采用缸、盆或土池养殖的，比如某些品种的极品个体，可能采取鱼缸或盆单养的方式育肥。而有些品种又适合大水体养殖，比如草金鱼，土塘养殖不但成本更低，生长速度也比养殖在小池中快。

（二）饲养管理

金鱼的生长发育不同阶段有不同的规律和特点，因此生产养殖也分为鱼苗、幼鱼、商品鱼、大鱼（1 冬龄以上）、亲鱼等几个阶段。

1. 幼鱼阶段

鱼苗培育结束，金鱼进入此阶段。这一阶段又称为鱼种阶段，一般指体长 3~5 厘米的生长阶段。其特点是体色、体形发生剧烈的变化，体重增长迅速，个体分化显著。

（1）放养

此阶段养殖水体类型一般为中型池，面积 10 米 ^{2} 左右为宜，水深 30~60 厘米，具体深度根据当时气候调整。鱼种入池前 2 天准备好鱼池，加好水，开启增氧泵及过滤系统。水泥池不要洗刷得太干净，如果池壁、池底不够光滑，应该在放养前 5~7 天加好水，以便池壁着生藻类，使池壁光滑。

养殖密度根据养殖条件分别对照表 5 和表 6。

表 5　无增氧条件下的金鱼各规格放养密度

规格 / 厘米	3	4	5	6	7	8	9	100~150 克	250 克
密度 /（尾 · 米 $^{-2}$）	60	35	25	18	10	7.5	5	2~3	1

表 6　增氧并有净化系统的鱼池金鱼各规格放养密度

规格 / 厘米	3	4	5	6	7	8	9	100~150 克	250 克
密度 /（尾 · 米 $^{-2}$）	120~150	60~100	40~60	30~40	20~30	10~20	6~12	5~6	2~3

（2）挑选

金鱼体表有很多的变异，个体发育过程中，这些变异出现的时间不完全一致。金鱼体表有一些变异组织很脆弱，容易出现损伤，因此，选别、淘汰的工作始终贯穿于金鱼养殖过程。

体长 3~5 厘米阶段是形态变异开始的阶段，也是变化最大的阶段。这个阶段的前期和后期，金鱼淘汰的力度比较大，而分级还没有开始。

金鱼鱼苗阶段结束，转入鱼种阶段时，是大规模选择淘汰的节点。操作的办法是：将一池鱼苗全部捞起，集中在网目 2a ≤ 0.4 厘米的软网箱中，网箱悬挂在水泥池中，池中的水质要干净，有适当的流动性，并且用气泵给池水充氧，网箱避阳光直射，避雨。

将网箱隔成两段，待挑选的鱼集中在其中一段，另一段用来放挑过的合格鱼，再用另一个容器或网箱装淘汰的鱼。用白色塑料小碗碟装待选鱼，每次 20~50 尾，手工挑选，淘汰明显畸形的、体形仍然是梭子形（鲫鱼形）的、完全没有转色的（依然是鲫鱼的土黄色或灰色的）、单尾的、损伤严重的鱼，蛋鱼类还要注意淘汰那些有背鳍或背鳍残痕明显的个体。挑好的鱼苗要及时放入鱼种培育池，不要在网箱中存放太久或积攒太多。一个池只能放养一个品种，不要混养。

（3）饲喂

鱼苗入池后，第二天可少量喂食，饲料种类和挑选前一致，投喂量为之前的一半。第三天开始正常投喂，每天投喂 3 次，稳定 3~5 天后，如有需要，可以开始转换饲料。一般的鱼，从出生到体长 2.5 厘米这段时间，都是以浮游动物为主要饲料，在体长 2.5~3 厘米时开始转变饲料，食谱慢慢变得与大鱼一样。而金鱼有些不同，金鱼几乎终生都可以并且喜欢吃浮游动物，而且摄食浮游动物也有利于其快速成长。但是浮游动物资源并非总是那么充足，所以金鱼转食性的时间是不固定的，主要看资源和管理的方便。

幼鱼阶段的管理与投喂饲料的种类以及鱼池条件有关，管理的内容主要是水质管理、鱼情观察和处理、调整密度、淘汰残鱼。

（4）水质管理

金鱼对水质的基本要求是：溶解氧（Do）≥ 1 毫克 / 升、pH 6~9、氨氮（NH_3）≤ 0.1 毫克 / 升、亚硝酸态氮（$N\text{-}NO_2^-$）≤ 0.02 毫克 / 升。如果要使金鱼成长得更好、成活率更高，仅仅满足上述基本要求是不够的，比较理想的水质是溶解氧（Do）5~8 毫克 / 升、pH 7.5~8、氨氮（NH_3）≤ 0.05 毫克 / 升、亚硝酸态氮（$N\text{-}NO_2^-$）≤ 0.01 毫克 / 升、硬度 100~200 毫克 / 升。养殖场可以配置检测这几个指标的快速检测盒，每天用快速滴定的方法进行水质检测监控，也可以用更加精准的分光光度计法进行水质检测。

如果投喂的饲料主要是活体浮游动物，换水不需要很频繁，2~5 天换水 1/2 池，每次换水可加入适量光合菌，具体时间、周期看水质情况。水色略微带绿色或茶褐色为合格水，但是如果水色发黑，水面有长久不散的泡沫，散发臭味，那说明水已经坏了，必须换水，严重时要整池换掉。经验丰富的养殖者可以通过观察判断水质状况，如果没有很丰富的经验，还是要根据仪器检测的水质状况判断是否需要换水。

如果投喂浮性颗粒饲料为主，每天喂 3~4 次，每次给金鱼的吃食时间是 15~20 分钟，如果不到 15 分钟就吃完了，说明投喂量不足，要适当增加。如果 20 分钟还没有吃完，应将剩下的饲料捞走，下次投喂适当减量。另外，每 3~4 天至少要投喂 1 次适口的青饲料，以藻沙或浮萍为好。在这种投喂方式下，水质也不会很快败坏，换水周期与投喂活体饲料类似，水质管理可参考该段落。

如果投喂沉性颗粒饲料为主，每天喂 2~3 次，日粮按鱼总体重的 5%~8% 计算。由于金鱼在水底摄食沉性颗粒饲料，吃食情况不是很清晰，并且喂养金鱼讲究的是吃饱、喂足，让金鱼尽可能长胖，因此每餐都可能有剩余饲料，而且小粒径的颗粒饲料封闭性不高，投入水中后很多营养成分迅速弥散进入水体中，因此，这种投喂方式会迅速增加水体中有机污染及无机盐的含量，导致水质败坏。所以采取这种投喂方式，需要每天换水，而且需要每天将池底的残剩饲料清除，往往采取全池换水的方式。又因为每天换水，生物净化几乎来不及发挥作用，所以，这样喂养金鱼往往采用没有循环过滤系统的鱼池，这样还可以减少循环过滤系统的材料和运行成本，同时也增大了每个鱼池的实际养殖面积（因为循环过滤系统是要占有池内空间的）。同时，为避免全池换水、清扫或冲洗池底对幼鱼造成伤害，养殖场通常在每一排幼鱼池中留一个空池，换水时采取“倒池”（即换池）的方式，先排掉大部分水，然后将幼鱼捕捉起放入另一个加好水的空池，接着清洗鱼池，加好水后再把下一个鱼池的鱼倒过来。用“倒池”的办法换水，在过去是很普遍的，甚至多数鱼场都这么干，但是这种方法会增加鱼病传播的风险，而且水质、水温起伏较大，对金鱼的健康有较大威胁，现在越来越多的鱼场已经不再采用。

还有一种饲喂方式，即用粉状饲料（常用的是鳗鱼饲料）做成面团状，沿池四周每隔一段距离投放 1 个，饲料团要做得松紧适度，既要让金鱼很容易咬下来（金鱼没有门牙，它的嘴本来是适合吞食的，只有松软的东西它才能咬得进嘴里），同时又不能轻易被水泡散了。每天喂 2~3 次，日粮按鱼总体重的 5%~8% 计算。水质管理与投喂沉性颗粒饲料时相同。面团式投喂方式适合金鱼各生长阶段。采用这种饲喂方式时，水质管理与投喂沉性颗粒饲料相同。

（5）鱼情观察

鱼情观察是金鱼养殖管理中的重要活动，其内容是观察鱼的状态以及由此反映的其他如水质、养殖密度等问题。一般天亮后至投喂第一餐之前、傍晚收工前一天两次巡视全场，这是定时鱼情观察，其他时间可不定时观察鱼情。观察时首先看金鱼是不是健康。健康的金鱼平时都在池底活动、觅食，游泳不急不慢，接近喂食时间见到人会一起涌来，很急切地想得到食物的样子；有病的金鱼外观表现为身体表面缺少光泽，体色黯然或体表黏膜发白，或身上有炎症、出血点等，在行为上表现为游泳有气无力或呈挣扎状，贴近池边或池角，身体失衡，无食欲。

发现死鱼要及时捞走，做无害化处理（所谓无害化处理就是杜绝病害传播及污染环境的一种处理方式，鱼的无害化处理方式包括焚烧、撒生石灰深埋等）。发现病鱼要捞出、隔离、诊断，根据诊断结果进行下一步处理。

（6）调整密度

随着金鱼的成长，单位面积水面所能养殖的金鱼数量下降，因此实际养殖密度应每隔一段时间调整一次，使金鱼始终有成长的空间。体长 3~5 厘米的幼鱼阶段，总共历时 1 个月左右，一般在中途即放养半个月后调整密度，到体长 5 厘米时结合幼鱼挑选再调整一次。

调整密度的方式有两种：一是增加养殖面积，二是减少养殖数量。幼鱼养殖中途挑选时，由于一些特征性状还在发育中，还不能完全表现出来，所以淘汰的数量不是很多，如果无法增加养殖面积，恐怕要忍痛割爱，处理掉一部分正常的幼鱼。

（7）淘汰残次鱼

幼鱼阶段日常管理中，特别是换水和调整密度时，发现残次鱼应立即淘汰。

（8）终极遴选

金鱼长到体长 5 厘米左右（不同品种不完全一样，取决于形态特征发育稳定的时间），经过严格挑选后，进入下一阶段即商品鱼养殖阶段。之所以称为“终极遴选”，不是以后不再挑选了，而是最后一次大规模的淘汰。这一次的遴选有两个内容，一是淘汰不合格的鱼，二是按规格大小分成不同组别。

这次遴选在操作手法上与鱼苗培育阶段结束时（体长大约 3 厘米）的挑选基本一样，用柔软的密网布（尼龙或维尼纶网布）制作的长网箱装载待挑选的鱼，进行手工挑选。合格的幼鱼要分成 2~3 个规格，每一种规格要占用单独一个网箱或一格网箱，淘汰的鱼另用其他容器暂放。

此次挑选比上一次更严格，不但要淘汰畸形的、伤残的、单尾的个体，原始体色的、品种特征不符或不显著的个体也要淘汰。

2. 当年商品鱼养殖阶段

此阶段养殖管理基本与幼鱼培育阶段相似，有些细节有所不同。

由于这个阶段淘汰的比例比较低，养殖密度不会因为淘汰少量的鱼而得到自然疏减，那么，成长一段时间后，鱼长大了，要么处理掉一批鱼，要么增加养殖面积。实际上，养殖中途增加养殖面积的可能性不大，因为养殖场一般都在这个阶段把所有的水面都用上，而不会刻意留下一些水面，等金鱼长大、需要疏减养殖密度时才使用。所以，一般养殖场在养殖密度控制调整方面采取的策略是开始放养时密度小一些，先预留生长空间，养殖中期将金鱼分级，将等级较低的金鱼提前出售，为高等级鱼空出生长空间。

此阶段养殖场地一般为水泥池，池的规格可以比较大，最大可达 100 米^2。蓄水深度随鱼的生长及气温升高缓慢增加，一般最深 50 厘米，有些品种达到 60 厘米。

养殖池最好采用自带过滤间隔的“单池循环净化养殖系统”，采用该养殖系统养金鱼能节省养殖用水、大幅度降低劳动量，也有利于保持水质的清洁和稳定，减少金鱼受伤、染病的概率，有利于金鱼的健康成长。

金鱼的单池循环净化养殖系统的工作流程一般如下：

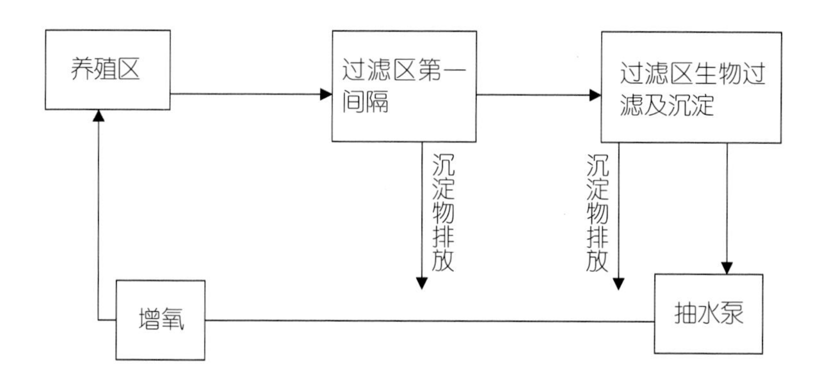

单池循环净化养殖系统整体框架如图：

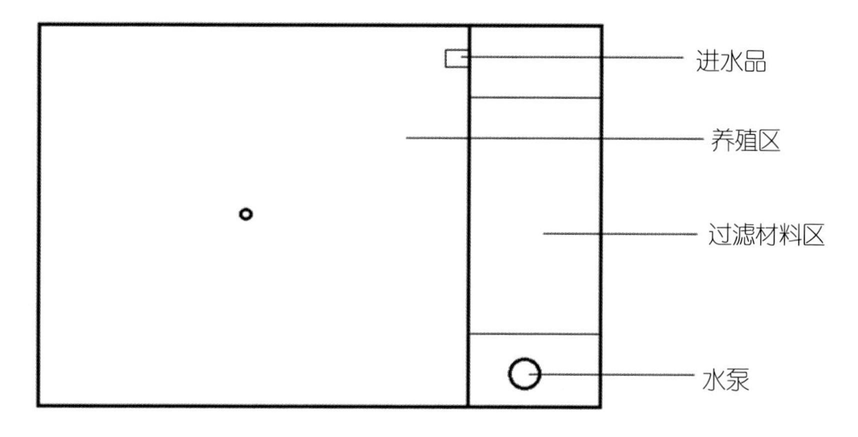

过滤间隔一般采用下图模式：

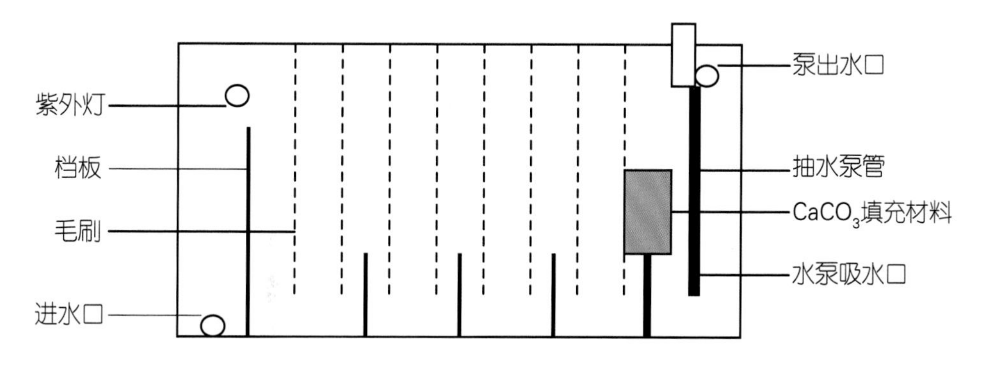

金鱼的单池循环净化养殖系统过滤池占鱼池总面积的 1/8~1/5，过滤间隔内填充的过滤材料一般以毛刷为主，进水端用大块的生化棉封挡，使循环水先经生化棉滤除大部分悬浮物质然后才能进入过滤材料区，这样更能及早将悬浮物质从水体移除，减少污染量，减轻过滤系统的负担。

紫外灯在金鱼的单池循环净化养殖系统中一般不用，因为藻类在金鱼池适度繁衍有利于金鱼生长，而紫外灯的主要功用就是杀灭藻类。但是安装紫外灯备用也未尝不可，疫病发生时开启紫外灯杀菌有利于控制疫情。

循环净化系统能将水体中的氨（氮化合物如蛋白质、组胺、氨基酸等自然分解后的主要产物）转化为相对无害的硝酸根离子，维持水质的稳定。在循环净化系统中，一般包括物理过滤和生物净化两部分，生物净化是不可或缺的组成部分。通过硝化细菌完成的两个短程硝化反应，将养殖水中主要有害物质氨，先转化为亚硝酸根，再转化为对水生动物毒害作用微弱的硝酸根离子，是生物净化的工作机理。

硝化菌有两种类型，一类是亚硝化菌，其功能是将氨转化为亚硝酸盐；另一类为硝化菌，其功能是将亚硝酸盐转化为硝酸盐。亚硝化菌和硝化菌一般是一起出现，共同完成硝化反应，这两种细菌有一些共同特点，即都是好氧菌、固着菌。所谓好氧菌，是指那些生活在有氧环境并且生命活动需要耗氧的细菌；与之相反的是厌氧菌，厌氧菌不仅不需要氧气，甚至在有氧环境无法生存繁衍。所谓固着菌，是指那些需要固着于物体表面才能正常进行生命活动的细菌，与之相对的是悬浮菌，它们可以悬浮于液体中正常进行生命活动。

硝化菌的这两个特点，决定了我们当需要利用硝化菌进行生物净化时，第一必须为它们提供可以固着、依附的物体，即过滤材料；第二需要循环水，只有不断把水送到硝化菌面前，才能为其提供源源不断的氧气，以及需要其处理的污染物质氨及半成品亚硝酸根，然后把处理过的水送回鱼类活动区，才能发挥硝化菌的净化功能。已有科学实验证明，过滤材料的总表面积越大，硝化菌就越多，循环净化系统的生物净化能力就越强，并且，在一定范围内水的循环率越高，系统的净化能力也越强。我们可以把循环净化系统想象成现代工厂的生产流水线，硝化菌就是流水线上的装配工人，车间面积越大、装配工人越多，总工作能力也越高，而运输装配元器件的传送带相当于净化系统中的流水，在工人的工作能力可及的范围内，传送越快工作总能力越高，传送越慢工作能力越弱。

在循环净化系统中，常用的过滤材料有河沙、珊瑚沙、沸石、麦饭石、活性炭、瓷环、火山石、细孔陶环、生化塑料球、海绵、生化棉（实质与服装上所用的化纤人造棉无异）、过滤毛刷、破旧渔网等。金鱼的单池循环净化养殖系统所用的主要过滤材料是毛刷或破旧渔网，辅助性过滤材料是生化棉板。珊瑚沙、瓷环、细孔陶环、火山石等材料比表面积（指物体单位体积内的内外总表面积，比表面积 = 总表面积 / 体积）高，但存在材质松脆容易损坏、内孔微细容易堵塞的问题。而河沙、沸石、麦饭石存在无孔隙，比表面积小，大量堆积时容易堵塞水流等问题，都不宜用于水泥池这样大型的过滤系统中。

金鱼养殖水的净化也可以采取循环过滤之外的方式，这其中最常见的是用光合细菌。光合细菌能吸收水体中的氨氮，而且光合细菌还可以部分地作为金鱼的食物。据研究，金鱼池中泼洒光合细菌，能提高金鱼的生长速度、降低金鱼发病率。但是光合细菌吸收水体中的氨氮用于自身的成长，处理氨氮的效率远低于硝化细菌，而且光合细菌吸收氨氮越多，自身繁衍的数量就越多，数量越多，死亡的量就越多，死亡的光合细菌很快又将氨氮释放到水里，所以用光合细菌净化水体时，需要频繁地排污、换水。

当年商品鱼养殖阶段生长高峰处在夏季，阳光强烈，气温，水温都是一年中最高的，一定要注意防晒，露天鱼池要用遮阴篷遮盖，遮阳网的遮光率一般不小于 80%。

投喂的饲料一般以浮性颗粒饲料为主，每天投喂 2~3 次，13：00~16：00 水表层温度最高，此时投喂对金鱼不利，特别容易造成烫尾（南方称为“烧尾”）。每隔几天最好补充一些青饲料，如能获得活体红虫，则可作为优先选择的饲料。

鱼情观察与幼鱼阶段类似，主要是观察鱼的状态以及由此反映的其他如水质、养殖密度等问题，不过这一阶段，养殖密度的调整没有鱼苗和幼鱼阶段那么频繁。观察鱼情时发现问题采取的处理办法与幼鱼阶段相同。

秋季金鱼体长的增长略有减缓，但却是育肥和扬色的关键时期。中原及长江流域地区 8 月下旬进入真正的秋季，日照时间缩短、强度下降，气温下降，昼夜温差加大，水温比夏季明显下降。此时可拆除或逐渐收起遮阳网，停止循环过滤系统，让池水慢慢转绿，采用蛋白质含量较高（不低于 35%）的浮性颗粒饲料，每天投喂 3~4 餐，每餐喂十分饱。每 2~3 天清理一下池底积淀的粪便残饵。如果采用倒池的方法清池，则保留鱼池中上层水，排除底层水和粪便残饵。

水温下降到 20℃以下时，应减少投饵量和投喂次数，每天 10：00 和 16：30 投喂 2 次即可。同时，开始采取保温措施，延缓水温下降速度，尽量保持较高的水温，使金鱼有更长的生长期，长到更大。

水温下降到 15℃以下时，投喂改为每天 1 次。同时，这个时间节点也是金鱼大批出货的时间，当年金鱼从这时开始陆续出货。在这个时间节点，金鱼养殖场一般要做的事情是：分级归类、保温设施的准备、并池、出货。

对于金鱼的分级，我国已出台一些品种门类的行业标准，包括已颁布实施的《金鱼分级　狮头》（SC/T5701—2014）、《金鱼分级　琉金》（SC/T5702—2014）、《金鱼分级　蝶尾》（SC/T5704—2016）、《金鱼分级　龙睛》（SC/T5705—2016）等，以及即将颁布实施的《金鱼分级　珍珠鳞类》，建议金鱼养殖场在金鱼分级时尽可能采用这些行业标准，特别是出货前的分级，采用行业标准不但有利于保障养殖场自身的利益，也有利于金鱼产业的发展。

对于尚未颁布分级标准的门类，养殖场一方面可以参考类似品种门类的分级标准；另一方面可以先进行市场调查、与同行及销售商交流探讨，制定一个企业标准或团体标准，再按照这一标准进行分级。根据笔者多年来市场调研及起草标准取得的经验，金鱼的分级标准主要指标是体形、头、尾，特殊品种重点考虑特征性因素，比如龙睛要考虑眼睛的形态和比例，水泡眼要强调水泡的比例和对称性等。

金鱼是广温性鱼类，即使鱼池表面结冰，池里的金鱼也不会冻死。但是水温过低对金鱼有害，水温低于 10℃金鱼基本停止生长，并且抗病力下降，容易发生水霉、鳔囊炎、寄生虫等疾病，还会发生冻伤、掉鳞等非病原性伤病，所以冬季要采取保温措施，将待售的以及准备继续养殖的金鱼保护起来。

常见的保温设施是温棚，有时也有用固定建筑的温室的，但温室成本太高，不是金鱼越冬的主要方式。一般采用钢架覆盖塑料薄膜的温棚，理想的位置是建筑物的南面，即避风向阳的位置。北方冬季降雪的地域，棚顶斜度要大些，避免被积雪压垮。

搭建温棚前可以根据留存金鱼的数量估算需要的温棚面积，或者确定温棚面积后估算其承载越冬金鱼的数量，因为越冬时金鱼的养殖密度可远远高于生长季节，一般而言，以水温 25℃为标准密度，温度每下降 5℃，养殖密度加倍，水温 10℃时放养密度为标准的 8 倍左右。

越冬管理比较简单，主要是每天巡查一次，管理内容有：薄膜如有破损要及时修补，防止破损扩大；晴天水温升高时适当投饵；水质变差时适当换水，换水时要避免水温骤降幅度超过 3℃；发现疾病及时处理。

3. 大金鱼的养殖

所谓大金鱼，是指 1 周岁以上的金鱼。

大金鱼的养殖管理与后备亲鱼基本相同，需要注意的主要有 3 点：一是在操作中，不要用手操网捞鱼，要用手捉；二是达不到一级质量标准的鱼不宜作为大金鱼养殖；三是出现严重外伤以后不要指望金鱼能恢复到不留痕迹，除非是掉几片鳞片这样的小伤，其他的明显外伤必定使金鱼“破相”，等级降低，因此伤愈之后趁早卖掉为好。

一尾顶级的大金鱼来之不易，因为养殖的时间越长，发生疾病或外伤导致“破相”残次的概率就越高，而且养殖的第二年、第三年发生伤病的概率比第一年还要高。为什么会这样？因为变异器官是金鱼全身最脆弱的地方，导致金鱼伤残“破相”，直接造成等级下降的往往是这些变异器官的损伤，比如狮头、虎头品种的头瘤缺损，水泡眼类的水泡破裂，龙睛品种的眼睛受伤，各品种尾鳍的断裂、折断或扭曲等。第一年，到年底分级时，金鱼的变异才出现 5~6 个月时间，变异完成才 2~3 个月；第二年、第三年金鱼的特征性变异器官比第一年大得多，一年时间内出现伤病的可能性比 2~3 个月大得多。这也是为什么 2 龄金鱼比 1 龄金鱼贵十几倍，养殖场却仍然以 1 龄金鱼为主要产品（占产品数量的 90% 以上）的原因。

7

金鱼病害防治策略、常用药物及防治方法

一、病害防治的意义和策略

所谓病害，是指生物感染疾病和遭受侵害。预防病害包括两个内容，即防病和防害。防病是指防止发生各种各样的疾病；防害则是指预防对生物的直接侵害，具体地说，对金鱼的侵害是指鸟害、蛙害等。

生物染病的原因包括两个方面，一是生物本身的内因，二是生物所面临的外因。

就金鱼而言，内因主要是其体质，外因则包括生存环境中的非生物因子和生物因子。非生物因子主要是水温、水质（包括溶解氧、pH、硬度、氮化合物、其他有毒物质）、水温水质的突然变化、操作手法等；生物因子主要是各种微生物，主要包括病毒、细菌、真菌、原生动物、藻类、寄生虫等。

金鱼是高度近亲化的品种，遗传多样性的减少造成其抗病力下降，不但疾病容易发生，一旦发病往往造成很大的损失。因为金鱼一旦发病，即使在造成大批死亡前医治好了，也往往在其身上留下缺损、瘢痕，使金鱼品质下降，等级降低，价值大打折扣，而有些疾病一旦爆发，可能造成全池金鱼死亡，损失惨重。

所以，防治金鱼病害的策略只能是以防为主，尽可能避免疾病发生，一旦发生，要严格控制、隔离，避免传染、扩散。

要减少发病的概率，主要采用以下措施：

①确保水源清洁，无病菌、寄生虫。

②保持良好水质，保持足够的溶氧量、适当的酸碱度及低于警戒线的氨氮、亚硝酸盐浓度。

③保持水质水温稳定，避免水温水质骤变，新进的鱼要慢慢过水，使鱼有较长的时间适应水温和水质的变化，避免应激反应。

④科学喂养，饲料力求营养丰富，各种营养元素均衡，能全面满足金鱼的营养需求，保证金鱼的体质。

⑤注意饲料卫生，谨防病从口入，投喂的鲜活饲料一定要先消毒。

⑥选种、配种时注意避免三代以内血亲配对，降低配对亲鱼间的近亲系数。

⑦池之间尽量避免过水、串水，避免交叉感染。如果用倒池的方法换水，当有病害发生时，应停止倒池。

⑧捕捉和搬运时避免损伤鱼体，避免因外伤诱发细菌感染。

⑨购买来的鱼要先消毒才放池，尽量不混养不同来源的鱼。

⑩不引入疑似带病的鱼。

防害方面，需要防范的是鸟啄食、蝌蚪吞食金鱼苗，蜻蜓幼虫或水蜈蚣咬食幼鱼。具体措施如下：

①露天鱼池全方位防护，在雨棚或遮阳网未覆盖或遮挡的鱼池棚架的侧面、两端，挂起防鸟网或较稀疏的遮阳网，防止鸟类飞临鱼池。

②孵化期及育苗期每天凌晨巡视鱼池，见到蛙卵立即捞除，发现有鱼苗身体被咬伤、咬断的情况，马上“倒池”并将蜻蜓幼虫或水蜈蚣等“疑凶”从鱼苗中分离出来。

③育苗期轮番抽查各育苗池，发现蜻蜓幼虫或水蜈蚣等金鱼的敌害，马上“倒池”并将这些敌害动物从鱼苗中分离出来。

④春夏季加入鱼苗池、幼鱼池的水要经过 20 目以上的滤网过滤。

二、金鱼常用药物

（一）消毒剂类

1. 漂白粉

别　　名	含氯石灰	物理形态	白色粉末
主要性质	白色粉末状，有氯气特有的刺激性气味，溶于水，其水溶液呈弱碱性，是多种物质的混合物，其有效成分为次氯酸钙（34%），有效氯含量 30%，不稳定，受热或光照易分解，接触水和二氧化碳也容易分解		
作用原理	次氯酸钙遇水后分解产生次氯酸、氯原子、氧原子，有较强的氧化作用，使蛋白质失去活性，从而杀灭细菌等微生物		
用　　途	常用的消毒剂、水质净化剂、清塘药剂。对于水体中及鱼体表面的细菌、病毒、真菌及藻类都有一定的杀灭作用		

（续表）

用法用量	①清池消毒，干法：配制成浓度 50~100 克 / 米 ^{3} 的药液，泼洒池底池壁；带水清池：均匀泼洒于水池，使终浓度达到 20~50 克 / 米 ^{3} ②治病：全池泼洒，使水体中药物终浓度达到 0.8~1 克 / 米 ^{3} ③鱼体浸泡消毒：配制成浓度 10~20 克 / 米 ^{3} 的药液，浸泡鱼体 10 分钟左右 ④工具消毒：用浓度 5% 的药液浸泡工具 5 分钟 ⑤隔离区入口消毒：消毒水池中加入浓度 1%~2% 的药液或本品与硫酸铜的混合液
备　注	①避光、避热，干燥处保存 ②避免接触金属物品 ③勿与酸、硫黄、铵盐、甲醛等混用 ④使用时注意防腐蚀皮肤、衣物 ⑤存放期越长，药效越低，超过半年需重新测定有效氯含量或弃用

2. 漂粉精

别　名	高效漂白粉	物理形态	白色粉末
主要性质	白色粉末状，有氯气特有的刺激性气味，溶于水，其水溶液呈弱碱性，是多种物质的混合物，主要成分为次氯酸钙，含少量氯化钙和氢氧化钙，有效氯含量 60%~70%，受热遇光不稳定，但稳定性大大高于漂白粉，效价下降速度比漂白粉慢得多		
作用原理	次氯酸钙遇水后分解产生次氯酸、氯原子、氧原子，有较强的氧化作用，使蛋白质失去活性，从而杀灭细菌等微生物		
用　途	常用的消毒剂、水质净化剂、清塘药剂。对于水体中及鱼体表面的细菌、病毒、真菌及藻类都有一定的杀灭作用		
用法用量	①清池消毒：均匀泼洒于水池，使终浓度达到 10~20 克 / 米 ^{3} ②治病：全池泼洒，使水体中药物终浓度达到 0.4~0.8 克 / 米 ^{3} ③鱼体浸泡消毒：配制成浓度 5 克 / 米 ^{3} 的药液，浸泡鱼体 10 分钟左右 ④工具消毒：用浓度 2% 的药液浸泡工具 5 分钟 ⑤隔离区入口消毒：消毒水池中加入浓度 1% 左右的药液		
备　注	①避光、避热，干燥处保存 ②避免接触金属物品 ③勿与酸、硫黄、铵盐、甲醛等混用 ④使用时注意防腐蚀皮肤、衣物 ⑤存放期越长药效越低，超过半年需重新测定有效氯含量或弃用		

3. 三氯异氰尿酸

别　名	强氯精	物理形态	粉末或颗粒
主要性质	白色粉末状或颗粒，有强烈的氯气气味，微溶于水，其水溶液呈弱酸性，有效氯含量 85%，遇水分解成异氰尿酸、次氯酸和游离氯气，稳定性好，能长期储存		
作用原理	次氯酸钙遇水后分解产生次氯酸、氯原子，有较强的氧化作用，使蛋白质失去活性，从而杀灭细菌等微生物		
用　途	常用的消毒剂、水质净化剂、清塘药剂。对于水体中及鱼体表面的细菌、病毒、真菌及藻类都有较强的杀灭作用，杀菌力为漂白粉的 100 倍左右		
用法用量	①带水清池：均匀泼洒于水池，使最终浓度达到 5~10 克 / 米 ^{3} ②治病及杀藻：全池泼洒，使水体中药物终浓度达到 0.2~3 克 / 米 ^{3} ③鱼体浸泡消毒：配制成浓度 0.5~1 克 / 米 ^{3} 的药液，浸泡鱼体 10 分钟左右 ④工具消毒：用浓度 1% 的药液浸泡工具 5 分钟 ⑤隔离区入口消毒：消毒水池中加入浓度 0.1%~0.2% 的药液或本品与硫酸铜混合液		
备　注	①阴凉、干燥、通风处保存 ②避免接触金属物品 ③勿与酸、硫黄、铵盐、甲醛等混用 ④全池泼洒宜在上午或傍晚进行 ⑤使用时注意防腐蚀皮肤、衣物		

4. 生石灰

别　名	氧化钙	物理形态	石块状或粉末状
主要性质	白色硬块或粉末，碱性		
作用原理	与水结合成氢氧化钙，具有较强的碱性，通过碱性作用杀灭细菌、病毒、真菌、藻类等微生物，高浓度下可杀灭水体中的绝大部分生物		
用法用量	①清池消毒，干法：带水 2~3 厘米，用量 100 克 / 米 ^{2}，泼洒池底池壁；带水清池：用水发开后均匀泼洒于水池，用量 150~250 克 / 米 ^{3} ②鱼病防治：用水发开后均匀泼洒于水池，使水体终浓度达到 15~30 克 / 米 ^{3} ③调节酸碱度：将中性或弱酸性水体转为弱碱性，根据水体原酸碱度，越偏酸（pH 越小）用量越大，用水发开后均匀泼洒于水池，使水体终浓度达到 10~30 克 / 米 ^{3}		

（续表）

备　注	①存放在干燥处 ②禁止与敌百虫同时使用 ③偏碱性的水体用量酌减

5. 甲醛

别　名	福尔马林	物理形态	液体，水溶液
主要性质	无色液体，能与水或乙醇任意比例混合。福尔马林为含 38% 甲醛的水溶液		
作用原理	使蛋白质凝固失活并溶解类脂，对细菌、真菌、病毒和寄生虫都有杀灭作用		
用法用量	病鱼池全池泼洒，使水体终浓度达到 10~30 克 / 米 ^{3}		
备　注	①避光保存 ②禁止与敌百虫、漂白粉、亚甲基蓝、高锰酸钾、强氯精等同时使用 ③避免皮肤接触		

6. 聚维酮碘

别　名	聚乙烯比咯烷酮碘、皮维碘、伏碘	物理形态	溶液
主要性质	本品为聚乙烯比咯烷酮和碘的有机复合物，为棕色粉末，易溶于水和乙醇，含有效碘 10%，常用的聚维酮碘溶液为深褐色液体，含有效碘 1%		
作用原理	聚乙烯比咯烷酮为表面活性剂，与细胞膜（主要为脂类物质）亲和，使其携带的碘进入细胞，使细胞内的蛋白质、肽、酶、脂类氧化或碘化而失去活性		
用　途	可杀灭细菌、病毒、真菌、芽孢等，是杀病毒效果最好的药物之一。		
用法用量	①全池泼洒，用含有效碘 10% 的溶液全池泼洒，使水体终浓度达到 0.2~0.3 克 / 米 ^{3} ②药浴，用含有效碘 10% 的溶液配制成 10~30 克 / 米 ^{3} 的药液，浸泡鱼体或鱼卵 10~20 分钟		
备　注	①密闭避光保存于阴凉处 ②勿使用金属容器盛装或泼洒药液 ③接触有机物后药效会迅速衰减，第二天基本无残留 ④安全范围较大，有必要时可加倍用药，但用药后 2 小时内需密切观察 ⑤药液黏稠度高，使用时一定要搅动稀释		

7. 高锰酸钾

别　名	灰锰氧、过锰酸钾	物理形态	结晶颗粒
主要性质	暗紫色细长结晶，无臭，溶于水，易溶于沸水		
作用原理	为强氧化剂。溶于水后释放出原子态氧，迅速氧化有机物，包括活体有机物及非生命状态的有机物，对个体越小的有机物氧化越迅速，因此能杀灭体表及游离的细菌、病毒、寄生虫等		
用　途	常用于鱼池消毒、工具消毒、鱼体消毒、活饵料消毒、皮肤及鳃部疾病的治疗		
用法用量	①鱼池消毒，干法：鱼池放干水，用浓度 10~20 克 / 米 ^{3} 的药液泼洒池壁、池底；带水清池：药剂用水全部溶解后均匀泼洒于水池，使水体终浓度达到 2~3 克 / 米 ^{3} ②细菌性疾病：药剂用水溶解后均匀泼洒于水池，使水体终浓度达到 2~3 克 / 米 ^{3} ③真菌性疾病：药剂用水溶解后均匀泼洒于水池，使水体终浓度达到 4~5 克 / 米 ^{3}；或者，15 克 / 米 ^{3} 药液浸浴 20 分钟 ④鱼体或鱼卵消毒：30 克 / 米 ^{3} 药液浸浴 2~5 分钟		
备　注	①密闭保存于阴凉干燥处 ②忌与甘油、碘、活性炭、鞣酸等研和 ③避免腐蚀皮肤、衣物		

8. 亚甲基蓝

别　名	次甲蓝、美蓝、甲烯蓝、亚甲蓝	物理形态	粉剂
理化性质	深绿色柱状结晶，无臭，易溶于水和乙醇，水溶液呈蓝色，碱性，在空气中稳定。药性较温和		
作用原理	通过氧化和还原反应杀灭细菌、真菌和某些寄生虫		
用　途	用于防治水霉病、烂尾病、小瓜虫病、车轮虫病、指环虫病等		
用法用量	①全池泼洒，使水体终浓度达到 2~4 克 / 米 ^{3}，隔 24 小时以上可再用一次 ②药浴，10 克 / 米 ^{3} 的水溶液浸泡鱼体 10~20 分钟		
备　注	①保存于阴凉干燥处 ②肥水中使用效果较差，可酌情增量		

（二）抗菌药物类

1. 氟甲砜霉素

别　　名	氟苯尼考	物理形态	粉剂
主要性质	白色结晶性粉末，无臭，微溶于水		
作用原理	干扰细菌蛋白质合成，为广谱抗菌药		
用法用量	①口服，按体重剂量为每天 7~15 毫克 / 千克，连用 3~5 天 ②肌肉注射：按体重剂量为每天一次 5~10 毫克 / 千克，连用 2~3 天		
备　　注	本品为国标兽药（水产用）		

2. 恩诺沙星

别　　名	乙基环丙沙星	物理形态	粉剂
理化性质	白色或淡黄色结晶性粉末，无臭，味微苦。易溶于碱性溶液中，微溶于水和甲醇，不溶于乙醇		
作用原理	阻断细菌 DNA 的复制，使细菌无法繁衍，从而起到抗菌作用。有很强的渗透性，广谱抗菌，对所有水生动物的病原菌都有很强的抗菌活性		
用　　途	对嗜水气单胞菌、荧光假单胞菌、弧菌、柱状黄杆菌、链球菌、巴斯德菌、爱德华菌等绝大多数水生动物致病菌均有较强的抑制作用。对肠炎及皮肤炎症尤其有效		
用法用量	①口服，按体重剂量为每天 20~40 毫克 / 千克，连用 3~5 天 ②肌肉注射：按体重剂量为每天一次 5~10 毫克 / 千克，连用 2~3 天		
备　　注	本品为国标兽药（水产用）		

3. 诺氟沙星

别　　名	氟哌酸	物理形态	粉剂
主要性质	白色或淡黄色结晶性粉末，遇光颜色变深，无臭，味微苦。易溶于酸性溶液中，微溶于水和乙醇		

（续表）

作用原理	本品为第 3 代喹诺酮类药，通过损害细菌 DNA 而达到抑菌杀菌作用。广谱抗菌，对所有水生动物的病原菌都有很强的抗菌活性，对肠道细菌感染尤其有效，不易产生耐药性
用法用量	①口服，按体重剂量为每天 20~25 毫克 / 千克，连用 3~5 天 ②肌肉注射：按体重剂量为每天一次 5~10 毫克 / 千克，连用 2~3 天
备　注	①本品为国标兽药（水产用） ②避光保存

4. 大蒜素

别　名		物理形态	粉剂
主要性质	白色粉末，有大蒜臭		
作　用	对球菌、大肠杆菌、痢疾杆菌、结核杆菌等有抑制甚至杀灭作用，对真菌有抑制作用。用于治疗细菌引起的肠炎、烂鳃、赤皮病、打印病、腐皮病、烂尾病及细菌性出血病等		
用法用量	拌饵口服，按体重每天 40~80 毫克 / 千克，连用 3~5 天		
备　注	本品未列入国标兽药（水产用），不可直接施放于水体		

5. 土霉素

别　名	盐酸地霉素、氧四环素	物理形态	粉末、片剂
主要性质	暗黄色，无臭，味微苦		
作　用	四环素类抗生素，广谱抑菌剂，对敏感菌包括肺炎球菌、链球菌、部分葡萄球菌、炭疽杆菌、破伤风杆菌等有明显效果，对衣原体、螺旋体也有一定的抑制作用。易产生耐药性，与多种抗生素有交叉耐药性。水产应用于治疗鱼类弧病菌、竖鳞病、烂鳃病、爱德华氏病、赤鳍病等		
用法用量	拌饵口服，按体重每天 20~40 毫克 / 千克，连用 3~5 天		
备　注	本品未列入国标兽药（水产用），不可直接施放于水体；易产生耐药性，尽量不使用		

（三）杀虫驱虫药

1. 硫酸铜

别　名	蓝矾、胆矾	物理形态	结晶体
主要性质	蓝色结晶体，易溶于水，高温脱水后为白色粉末		
作用原理	溶解于水后，铜离子破坏虫体的氧化还原酶，阻碍虫体的新陈代谢，或直接与虫体蛋白质结合使之失去活性，从而杀灭虫体		
功　效	用于防治鳃隐鞭毛虫病、车轮虫病、斜管虫病、口丝虫病、孢子虫病、钟形虫病等，对青苔、藻类、真菌也有杀灭作用		
用法用量	可单用，也可与其他药物合用。常用方法有： ①药浴：8~10 克 / 米^3，浸浴 15~30 分钟 ②全池泼洒，终浓度 0.7 克 / 米^3 ③硫酸铜 5 份、硫酸亚铁 2 份混合药剂，全池泼洒，终浓度 0.7 克 / 米^3		
备　注	①本品为国标兽药（水产用） ②勿用金属容器盛装 ③勿与碱性物质混合 ④安全范围小，切勿随意增大剂量		

2. 敌百虫

别　名	马佐藤	物理形态	结晶体或粉末
理化性质	白色结晶粉末，易溶于水，在中性或弱酸性溶液中比较稳定，在碱性溶液中转化成敌敌畏，毒性增强。易吸潮结块		
作用原理	水解后与虫体的胆碱酯酶结合，使胆碱酯酶活性受到抑制，失去水解乙酰胆碱的能力，造成乙酰胆碱蓄积，致使神经功能失常而死亡		
功　效	用于防治指环虫病、三代虫病、小瓜虫病、毛细线虫病、嗜子宫线虫病、锚头蚤病、鱼鲺病、中华蚤病等，还可用于杀灭剑水蚤、水蜈蚣等害虫		
用法用量	①药浴：90% 晶体敌百虫 1 克 / 米^3，浸浴 15~30 分钟 ②全池泼洒，90% 晶体敌百虫溶解后泼洒，终浓度 0.2~0.5 克 / 米^3 ③内服：按体重拌饵口服，每天 0.1~0.4 克 / 千克，连用 3~5 天		

（续表）

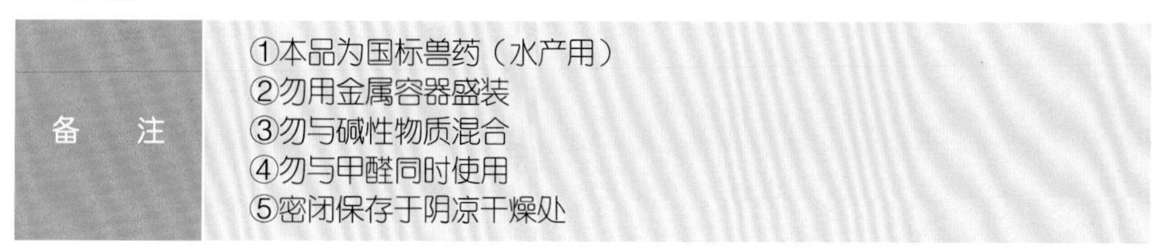

备　注	①本品为国标兽药（水产用） ②勿用金属容器盛装 ③勿与碱性物质混合 ④勿与甲醛同时使用 ⑤密闭保存于阴凉干燥处

3. 甲苯达唑

别　名	甲苯咪唑	物理形态	粉剂
主要性质	白色或米黄色粉末，无臭无味，不溶于水		
作用原理	抑制虫体对葡萄糖的利用，使虫体能量耗尽而亡		
功　效	广谱、高效、低毒驱虫药，可杀灭指环虫、三代虫、鱼鲺等寄生虫		
用法用量	加水 2 000 倍搅拌成悬浊液，全池泼洒，终浓度 0.2~0.5 克 / 米 ^{3}		
备　注	①本品为国标兽药（水产用） ②密闭保存于阴凉干燥处		

4. 伊维菌素

别　名	阿维菌素	物理形态	乳油
主要性质	无臭无味，不溶于水，易溶于甲醇、乙醇、丙酮、醋酸乙酯		
作用原理	抗生素类杀虫剂，属昆虫神经毒剂。广谱抗寄生虫药，对线虫生活史各阶段均有效，主要用于防治鱼体和鳃部寄生虫		
用法用量	加水 2 000 倍以上搅拌成悬浊液，全池泼洒，终浓度 015~0.2 毫克 / 米 ^{3}		
备　注	①本品非国标兽药（水产用） ②宜采用喷洒方式保证水体内药物分布均匀 ③勿在阴雨天缺氧时施用		

（四）其他药物

食盐（氯化钠）是金鱼养殖中常用的一种药物，有杀灭细菌、抑制真菌、寄生虫的作用，常用于金鱼的鱼体消毒、辅助治疗、病后恢复等。

中草药是我国水产病害防治中提倡使用的药物，目前有 40 多种植物类药物及更多种类的中成药在水产病害防治中使用，在杀菌、杀虫、抗病毒、抑制真菌、病后调养等各方面均有相应的药物。用于水产病害防治的主要中草药有：黄连、大黄、地黄、黄檗、黄芩、板蓝根、十大功劳、茵陈、大青叶、大叶桉、白头翁、鱼腥草、生姜、大蒜、紫苏、辣椒、连翘、辣蓼、艾叶、车前草、马齿苋、穿心莲、菖蒲、青蒿、韭菜、五倍子、槟榔等，种类众多，功效不一，在此不一一列举。

三、常见疾病的防治

（一）细菌性疾病

金鱼的疾病中，以细菌性疾病的种类最多，危害最大，在此介绍一些较常见的疾病。

1. 细菌性烂鳃病

【病原】柱状黄杆菌、柱状曲桡杆菌。

【症状】

①呼吸急促。

②鱼体发黑，失去光泽，头部呈乌黑状。

③揭开鳃盖可见鳃部黏液过多，鳃的末端有腐烂缺损，鳃部常挂有淤泥。

④病情严重时鳃盖“开天窗”，即鳃盖上的皮肤受破坏造成鳃盖中部透明。

⑤在高倍显微镜下观察，可见大量的柱状曲桡杆菌。

细菌性烂鳃病患鱼鳃部

细菌性烂鳃与寄生虫性烂鳃、病毒性烂鳃相比，最明显的特征是鳃部挂有淤泥。

【流行特征】主要发生在生产季节，春夏季最为常见，因此危害较大。几乎所有鱼类都有发生此病的可能，影响面广。该病有一定的传染性，一旦发生就不会是个别现象，容易在水质差或过肥、经常缺氧的水体发生。

【预防措施】预防细菌性烂鳃病的关键是水质调控。水泥池要求水体清澈，基本没有悬浮物。

①配置功率适当的高效过滤装置，使水体内非离子氨、亚硝酸盐都控制在0.01毫克/升以下。

②保持水体内充足的溶解氧。

③控制适当的放养密度。

④春夏季每半个月泼洒药物杀1次菌，常用药物和终浓度是：漂白粉1克/米^3、二氧化氯0.2~0.3克/米^3、三氯异氰脲酸0.3克/米^3，或按照药物使用说明书所嘱施用。

【治疗方法】细菌性烂鳃病是常见病、多发病，但是治疗并不困难。一般采用水体泼洒药物的方式，有很多杀菌药物都是有效的。最常用的药物治疗方法有以下几种（每一条是一个独立的处方）：

①用碘制剂（包括季铵盐碘、聚维酮碘、络合碘等）泼洒水体，含有效碘1%的该药物使用剂量为0.5克/米^3，隔天再用1次。

②水体泼洒漂白粉1克/米^3，也可使用二氧化氯、二氯异氰脲酸钠或三氯异氰脲酸，0.2~0.3克/米^3，隔2天后再用1次。

③全池泼洒氟苯尼考，终浓度为0.5克/米^3。

④中草药治疗：大黄、乌桕叶（干品）或五倍子等，剂量2~5克/米^3，煮水泼洒。

2. 竖鳞病

又叫立鳞病、松鳞病、松球病，是一种很常见的细菌性疾病。

【病原】点状极毛杆菌、水型假单胞菌、嗜水气单胞菌等。

【症状】患鱼全身鳞囊发炎、肿胀积水，鳞片因此几乎竖立，鳞片之间有明显缝隙而不是正常鱼的鳞片那样紧贴，整条鱼看上去比正常的鱼肥胖很多。所以，竖鳞病更科学的称谓是鳞囊炎。

竖鳞病患鱼

【诊断方法】竖鳞病可以肉眼诊断，凡是鱼全身的鳞片不紧贴身体，看上去鳞片之间有明显的缝隙，就可以确诊。关键点是竖鳞是全身性的，其他的炎症可能造成局部鳞片松散。

【流行特征】竖鳞病发生的规律主要有 3 点：一是无鳞鱼不会发生，而有鳞片的淡水鱼任何种类都有可能发生；二是温度偏低时容易发生，春季发生较多，但其他季节同样会发生；三是水质不良或鱼体外伤也会诱发此病。

竖鳞病的传染性不强，但是同一水体内的同一种鱼可能会有多条鱼同时发病。

【预防措施】

①经过长途运输的鱼要进行体表消毒。

②尽量避免水温起伏。

③保持良好水质，避免氨氮、亚硝酸态氮超标。

④露天鱼池每半个月进行一次水体消毒，药物和剂量同烂鳃病预防。

【治疗方法】

①用 3% 食盐水浸泡鱼体 10 分钟，每天 1 次，连用 3 天。须注意是，有些鱼类不能承受，浸泡时要注意观察，随时终止。

②用碘制剂（包括季铵盐碘、聚维酮碘、络合碘等）泼洒水体，含有效碘 1% 的该药物使用剂量为 0.5 克 / 米 ^{3}，隔天再用 1 次。

③水体泼洒漂白粉 1 克 / 米 ^{3}，也可使用二氧化氯、二氯异氰脲酸钠或三氯异氰脲酸，0.2~0.3 克 / 米 ^{3}，隔 2 天后再用一次。

④全池泼洒氟苯尼考，终浓度为 0.5 克 / 米 ^{3}。

⑤用氟苯尼考（兽用）拌饲料投喂，药量按每千克鱼体每天 100 毫克。

⑥腹腔注射硫酸链霉素（兽用），每千克鱼体 10 万单位。

⑦肌肉注射青霉素钾（兽用），每千克鱼体 20 万单位。

3. 皮肤发炎充血病

【病原】荧光假单胞菌等。

【症状】属于赤皮病的一种，症状同其他养殖鱼类的赤皮病，即身体表面，包括躯干、头部、尾柄各部位的表皮泛红、有血丝，严重时尾鳍基部严重充血，尾鳍血丝明显而且尾鳍末端腐烂。

【诊断方法】诊断主要是肉眼观察判断。如果仅有上述症状而没有其他的器官病变，没有大量突发性死亡，就基本可以断定是这种病。

【流行特征】该病流行季节是春末到秋初，水温20℃以下时较少发病。发病概率与年龄没有明显关系，与水的肥瘦有关，水过于肥沃、底泥过多容易诱发此病。

【预防措施】该病是金鱼的多发病、慢性病，因此预防尤其重要，具体方法如下：

①搬运操作时尽量避免鱼体受伤。

②保持良好水质。池塘养殖应保持水质的“肥、活、嫩、爽”，每隔1~2周冲一次新鲜水；鱼缸或小水泥池则要求水体清澈、基本没有悬浮物。

③保持水体内充足的溶解氧，最好不低于5毫克/升。

④经常投喂一些金鱼喜食的鲜活饲料，比如水蚤、水蚯蚓等，总体来说，投喂的饲料要做到营养均衡、鲜活饲料和配合饲料结合，避免因长期摄食维生素偏少的颗粒饲料导致的皮肤非特异性免疫力下降。

⑤每半个月泼洒一次水体消毒剂杀菌消毒，每次放入新鱼也做一次水体消毒。水体消毒的药物及剂量是：漂白粉1克/米^3，二氧化氯0.2~0.3克/米^3，三氯异氰脲酸0.3克/米^3，50%季铵盐碘0.5毫升/米^3。

【治疗方法】

①全池泼洒漂白粉，剂量为1克/米^3。

②全池泼洒二氯异氰脲酸钠，剂量为0.3克/米3米^3。

③全池泼洒季铵盐碘（50%含量），剂量为0.5克/米^3，连用2天。

④全池泼洒恩诺沙星粉（兽用，含量5%），剂量为2克/米^3。

⑤用恩诺沙星粉或诺氟沙星粉拌饵料投喂，每千克鱼每天喂药量（按净含药量计算）为50~100毫克，连喂4~5天。

也可以用①②③④点之任一点加⑤点。

4. 细菌性出血病

又称细菌性败血症。

【病原】嗜水气单胞菌等。

【症状】初期患鱼的口腔、颌部、鳃盖、眼眶、鳍及身体两侧有轻度充血症状，继而充血情况加剧，透过皮肤隐约可见肌肉充血，眼眶充血，眼球突出，腹部鼓胀，肛门红肿，鳃部分坏死或灰白、瘀红，病症遍及全身。

【诊断方法】肉眼观察及镜检。此病症状与赤皮病有很多相似之处，要确诊主要看肛门是否红肿，鳃部是否有病变，赤皮病没有此症状。

【流行特征】该病是养殖鱼类较常见的疾病，传染性很强，一旦发生波及面广、传染快、死亡率高，造成很大危害，最可怕的是，不同种类的鱼之间也可能相互传染。

该病主要发生在春末至秋初水温较高的季节。久未清淤的老塘是最容易发病的场所。

【预防措施】可参考“皮肤发炎充血病”的预防方法。另外，隔离尤其重要，不要使用其他鱼池、鱼塘用过的水，不要在发病季节混合不同来源的鱼，新鱼放养前必须进行鱼体消毒。

【治疗方法】要采用内外结合的办法，下列内服外用的方法可同时使用。

外用：全池泼洒药物进行水体和鱼体表面的消毒，所用药物及其终浓度是：生石灰 20 克 / 米 ^{3}，漂白粉 1 克 / 米 ^{3}，二氧化氯 0.2~0.3 克 / 米 ^{3}，三氯异氰脲酸 0.3 克 / 米 ^{3}，聚维酮碘 0.5 毫升 / 米 ^{3}。

内服：拌饵投喂，药物、剂量、疗程如下：诺氟沙星每天 10~20 毫克 / 千克鱼体，连用 3~5 天；氟苯尼考每天 10~20 毫克 / 千克鱼体，连用 3~5 天。在拌制药饵时，按每天每千克鱼体添加维生素 C 100 毫克。

5. 黏球菌性烂鳃病

【病原】鱼害黏球菌。

【症状】患病金鱼因鳃组织遭受破坏，呼吸困难，鳃部有病变性缺损，鳃丝挂污泥，鳃盖中心皮肤被破坏，或脱落或被销蚀，以至于鳃盖中心透明，俗称“开天窗”。

【诊断方法】肉眼观察和细菌培养。

【流行特征】此病在水温 20℃以上开始流行，流行季节是春末到中秋。此病的发生与水质有关，过肥和受到有机污染的水体容易发生此病。

【预防措施】预防细菌性烂鳃病的关键是水质调控。鱼缸或水泥池要定期换水，保持水质清新，春夏季节每半个月药物泼洒杀菌一次，常用药物及达到的浓度是：漂白粉 1 克 / 米 ^{3}，二氧化氯 0.2~0.3 克 / 米 ^{3}，三氯异氰脲酸 0.3 克 / 米 ^{3}，或按照药物使用说明书所嘱施用。

【治疗方法】

①全池泼洒漂白粉 1 克 / 米 ^{3}，也可使用二氧化氯、二氯异氰脲酸钠或三氯异氰脲酸 0.2~0.3 克 / 米 ^{3}，隔 2 天后再用一次。

②全池泼洒季铵盐类药物，含有效碘 1% 的该药物使用剂量为 0.5 克 / 米 ^{3}。

③全池泼洒聚维酮碘，含有效碘 1% 的该药物使用剂量为 0.5 克 / 米 ^{3}。

④中草药治疗：大黄、乌桕叶（干品）或五倍子等，剂量 2~5 克 / 米 ^{3}，煮水泼洒。

6. 细菌性肠炎

【病原】肠型点状气单胞菌。

【症状】食欲减退，离群独游，体色黯然，严重时腹部膨胀，肛门红肿突出，轻压腹部，有黄色黏液或脓血从肛门流出。

【诊断方法】肉眼观察及解剖。腹腔内充满积液，肠道内无食物，有大量黄色黏液，肠壁充血。

【流行特征】水温 20℃以上开始流行，水温 25~30℃为流行高峰，4—10 月为主要流行季节。

【预防措施】水质和食物是主要病因。预防方法：一方面，注意食物卫生，不投喂变质、腐败的食物，高温季节适当控制投喂量，严防过饱；另一方面，定期换水，保持水质清新，春夏季节每半个月药物泼洒杀菌一次，常用药物及达到的浓度是：漂白粉 1 克 / 米 ^{3}，二氧化氯 0.2~0.3 克 / 米 ^{3}，三氯异氰脲酸 0.3 克 / 米 ^{3}，或按照药物使用说明书所嘱施用。

【治疗方法】用药物预防的方法进行水体杀菌消毒，同时按以下方法之一内服药物：

①用大蒜或地锦草打浆后拌饲料投喂，剂量每千克鱼体每天 5~20 克，连用 5 天。

②用甲砜霉素（兽用）拌饲料投喂，药量按每千克鱼体每天 30~50 毫克，连用 5 天。

③用恩诺沙星粉或诺氟沙星粉拌饵料投喂，每千克鱼体每天喂药量（按净含药量计算）为 50~100 毫克，连喂 4~5 天。

7. 烂尾病

又称烂尾蛀鳍病。

【病原】嗜水气单胞菌、温和气单胞菌、柱状屈挠杆菌等。

【症状】尾鳍由边缘开始糜烂，逐步向尾鳍基部发展，糜烂的部位先是表皮发白、坏死、脱落，鳍丝外露，严重时尾鳍看上去像一把光剩下扇骨的折扇。

烂尾病患鱼

【诊断方法】肉眼观察及细菌培养。如果一尾金鱼有上述症状而身体其他部位没有明显的炎症，就可以确诊了。

【流行特征】烂尾病发生的季节性不是特别明显，但高温季节室外养殖的观赏鱼，以及刚刚经过长途贩运的鱼较常发生此病。

烂尾病诱发的原因是水温或 pH 的急剧变化影响了微循环，从而造成尾鳍末梢的细胞坏死，继而在细胞坏死部位细菌繁衍，向未坏死的细胞发展，造成进一步的炎症发生。

长尾巴的鱼较容易发生此病，因而金鱼是此病的最大受害者。

【预防措施】预防此病首先要预防“烫尾病（烧尾病）”，避免因烫尾造成感染；其次要避免运输性烧尾，也就是说要避免运输时装鱼的水温度超过 30℃；一旦发生烫尾，及时对水体消毒，按以下具体药物和剂量全池泼洒：漂白粉 1 克 / 米^3，二氧化氯 0.2~0.3 克 / 米^3，三氯异氰脲酸 0.3 克 / 米^3，50% 季铵盐碘 0.5 毫升 / 米^3，恩诺沙星 0.2~0.3 克 / 米^3。

【治疗方法】

先用锋利的剪刀将糜烂缺损的鳍剪掉、剪齐，然后按预防的方法给水体泼洒药物。

8. 水痘病

【病原】多种细菌。

【症状】金鱼的躯体（主要是腹部），出现一些大小介于绿豆至黄豆之间的淡黄色透明水泡，水泡内有大量细菌，水泡没破裂时没有其他症状，一旦水泡破裂，患处会发炎、红肿，引起更严重的炎症。但是水泡也可能不破裂，冬季来临时自行消退。

【诊断方法】肉眼观察及镜检水泡积液。

【流行特征】水痘病流行季节是春末至秋初，水温高于 20℃的条件下发生。发病对象没有年龄限制，但与个体大小有一定关系，体长 5 厘米以下的金鱼一般不会发生此病。

发病概率与品种有一定关系，据以往的材料显示，珍珠鳞是最容易发生此病的品种，其次是水泡眼，其他品种发病概率明显低于这两个品种。

【预防措施】水痘病的致病原因还没有完全搞清楚，所以预防也只能参照常规的细菌性疾病预防方法。另外，在饲料中添加维生素 E、维生素 B_{12}、维生素 B_6 等，可以提高对皮肤疾病的抵抗力，从而减少此病发生的概率。

【治疗方法】最好的治疗方法应该是给水体泼洒杀菌药物，避免因捕捞而造成水泡破裂加重感染，同时在饲料中添加适量维生素。具体的药物和剂量是：恩诺沙星 0.5~1 克 / 米 ^{3}，隔天再泼一次；内服维生素添加量：每千克饲料添加维生素 E、维生素 B_{12}、维生素 B_6 各 500 毫克。

（二）病毒性疾病

1. 疱疹病毒病

【病原】疱疹病毒，一种 DNA 病毒。

【症状】体表有溃疡，皮肤黏膜被破坏而失去光泽，局部皮下充血，鳍膜不同程度糜烂，末梢鳍丝裸露，鳃组织局部坏死，常见鳃部有火柴头大小的脓样坏死物，眼球下凹。一条病鱼往往不是全部症状都有。

患疱疹病毒病的珍珠鳞金鱼

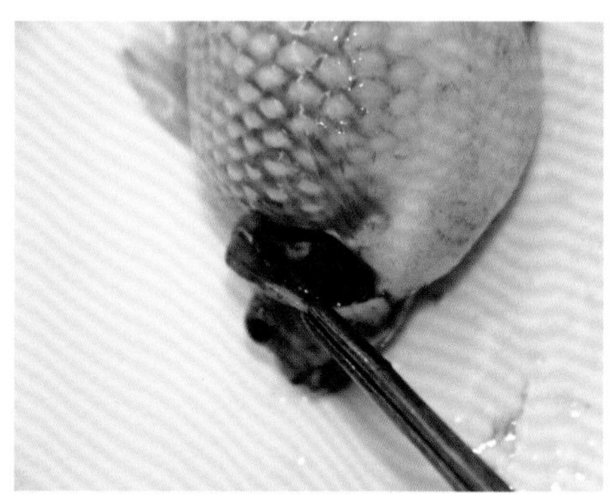

患病金鱼的鳃部病灶

【诊断方法】肉眼观察与解剖。表皮溃疡与鳃丝坏死同时发生则基本可确诊。

【流行特征】主要发生在秋季至初春的低温季节，发病季节水温一般为 10~16℃。

【预防措施】秋季末开始，经常投喂清火类中草药拌的药饵，有效的中草药是板蓝根三黄散、大黄粉、四黄粉。每 1~2 星期投喂一天。

【治疗方法】

①将水温提高到 25℃以上，用聚维酮碘（含有效碘 10%）泼洒使水体达到 1 克 / 米 ^{3} 的浓度。

②中草药（板蓝根三黄散、大黄粉、四黄粉等）拌饲料投喂，每千克饲料拌药粉 50 克，连续投喂 1 个星期，同时鱼池泼洒聚维酮碘（含有效碘 10%），使终浓度达到 1 克 / 米 ^{3}，连续泼洒 3 天。

④用 500 克 / 米 ^{3} 聚维酮碘溶液浸泡患病鱼 30 秒，每天一次，连续 3 天。

2. 鳔炎症

又称鳔功能失调症。

【病原】弹状病毒。

【症状】一种是不能下潜，腹部鼓胀朝天，受到刺激时能奋力下潜，但不久又腹部朝上浮于水面；另一种是不能上浮，整日紧贴池底，只能在池底移动。

鳔炎症患鱼之一

鳔炎症患鱼之二

【诊断方法】肉眼观察到上述症状，解剖可见鱼鳔有充血及炎症，鳔囊缩小，严重者其他内脏并发炎症。

【流行特征】发病水温 10~22℃，但超出此范围时并不能自愈。水温低于 20℃发生的多为慢性，高于 20℃发生的为急性。

【预防措施】入冬时避免水温骤冷骤热，捕捉及搬运金鱼时小心操作，避免金鱼外伤。

【治疗方法】

①用亚甲基蓝拌饲料投喂，每千克饲料拌药 50 克，连续投喂 1 个星期。

②全池泼洒聚维酮碘（含有效碘 10%）或复合碘，使终浓度达到 1 克 / 米 ^{3}，连续泼洒 3 天。

③用银翘板蓝根拌饲料投喂，每千克饲料拌药 3~5 克，一天喂 2 次，连续投喂 1 个星期。

（三）寄生虫性疾病

1. 白翳病

【病原】鳃斜管虫。

【症状】患鱼瘦弱，体色较深，身体及鳃部分泌大量黏液，身体如同包裹了一层白翳，鳃组织受到破坏，呼吸困难，看似浮头一般。狮头、虎头类金鱼的头瘤小泡之间常有白色黏膜堆积。

头瘤白色黏膜堆积

【诊断方法】显微镜观察黏液涂片，或鳃组织压片，可见到形状似瓜子，长度约 50 微米、宽度约 30 微米的原生动物，其内部有一些互相平行的斜线。

【流行特征】主要发生在低水温季节，也就是冬季和初春。斜管虫适宜繁殖的温度是 12~18℃，这个水温也是白翳病发病的高峰，当水温低至 12℃时该病仍会发生。

一年以下的小鱼受白翳病危害最大，大一些的金鱼也会发生此病。脏水、小型水体内金鱼容易发生此病。

【预防措施】冬春季节保持水体清洁，水泥池在入冬前要清底、消毒，另外采取以下各措施：

①保持适当的水温，避免越冬水温过低。

②越冬鱼提早入温室，避免在水温低时捕捞、搬运。

③低温季节避免可能对鱼体表黏膜造成伤害的操作。

④使用对黏膜没有伤害的药物如聚维酮碘、诺氟沙星进行鱼体消毒。

⑤尽可能使温室照到一些阳光。

【治疗方法】白翳病较难治愈，但对水温比较敏感，所以，如果能提高水温至25℃以上，则几乎不需用药即可消除症状。另外，在冬季将患鱼搬到避风向阳的水池，放浅水让阳光照射鱼的身体，可以有效控制该病。下列治疗手段能起到一定的效果：

①用硫酸铜与硫酸亚铁合剂（5∶2）泼洒水体，剂量为 0.7 克 / 米 ^{3}。

②用 8 毫克 / 升硫酸铜溶液浸浴 20~30 分钟。

③用 20 毫克 / 升高锰酸钾溶液浸浴 20~30 分钟。

④用 1% 食盐水浸浴 40~60 分钟，连用 3~5 天。

⑤用 20 毫升 / 米 ^{3} 福尔马林泼洒水体。

2. 白线虫病

【病原】一种蠕虫。

【症状】白线虫主要寄生在皮下，在下腹部、鳃盖下方较软的部位、鳍基、鳍丝之间等位置。寄生部位初时略微拱起，之后因组织感染而形成脓疱，但在鳍丝间不会形成脓疱，而是可以见到发红、有长而清晰的血丝。患鱼在行为上会出现刺痛性窜游。

【诊断方法】确诊此病的办法是切开患处，可以用细镊子钳出蛔虫状、粗细不到 1 毫米的小虫。此虫本来没有什么颜色，因吸饱血而整体看似一条血丝。

【流行特征】此虫寄生在鱼体上直到秋季才发育成线形的成虫，所以各种症状都是在秋冬季才表现出来。

【预防措施】预防措施主要包括池塘清塘消毒和鱼体浸泡消毒两方面。每年冬季晒塘，春季放养前用生石灰清塘消毒；鱼放养前，用 1%~2% 的食盐水浸泡鱼体 15 分钟。对于在水泥池或鱼缸养殖的金鱼来说，此虫的来源是活饲料，即水蚤和水蚯蚓，做好活饲料的清洗和消毒可以降低染病的概率。

【治疗方法】

①用 2%~5% 食盐溶液，浸浴 10~20 分钟。

②用复方阿苯达唑粉拌饲料投喂，每千克鱼体一次量为 0.2 克，连喂 3 天。

③用阿苯达唑或绦虫净拌饲料投喂，每千克鱼体一次量为 2~4 克，连喂 3 天。

④用 90% 晶体敌百虫全池泼洒，终浓度 0.3~0.5 克 / 米 ^{3}。

⑤用 90% 晶体敌百虫与面碱合剂（5∶3）全池泼洒，终浓度 0.2~0.3 克 / 米 ^{3}，连用 2 天。

3. 嗜子宫线虫病

又名红线虫病。

【病原】嗜子宫线虫（雌虫）。

【症状】寄生于鳞片下，造成患处皮肤充血、发炎，鳞片竖起乃至脱落，常继发霉菌感染。

【诊断方法】切开患处皮肤可见红色线虫。

【流行特征】一般发生在 1 龄以上的大鱼，冬季虫体开始寄生在鱼鳞片下，春季水温回升后虫体迅速生长，症状显现。

【预防措施】冬季并池前鱼池做好消毒，金鱼入越冬池前用 2% 食盐溶液浸浴 10~20 分钟。

【治疗方法】同白线虫病。

4. 锚头鳋病

【病原】锚头鳋。

【症状】体表、鳞片下、鳍基、吻部可见到发红发炎的病灶，虫体的头胸部深入鱼皮下，腹部裸露在外，透明，长 3~6 毫米，粗细约 0.5 毫米。

【诊断方法】肉眼观察。

【流行特征】国内大部分地区都有发生，锚头鳋繁殖水温为 12~33℃，高发季节为 4—11 月，秋季较严重。

锚头鳋病患处

【预防措施】冬季并池时，金鱼入池前用生石灰或高锰酸钾溶液浸泡鱼池，杀死水中锚头鳋幼虫和成虫，过池的金鱼用 2% 食盐溶液浸浴 10~20 分钟。

【治疗方法】

①可用 90% 晶体敌百虫全池泼洒，使池水终浓度为 0.5~0.7 毫克 / 升，能有效地杀死锚头鳋成虫。

②用 90% 晶体敌百虫与面碱合剂（5 : 3）全池泼洒，终浓度 0.2~0.3 克 / 米 ^{3}，连用 2 天。

③用 B 型“灭虫灵”全池泼洒，使池水终浓度为 0.5 克 / 米 ^{3}，每天 1 次，连

续2次。

④病情严重时可用“杀虫王”全池泼洒，使池水终浓度为0.3克/米^3，每天1次，连续2次。

⑤用福尔马林全水体泼洒，终浓度为20毫升/米^3。

5. 指环虫病、三代虫病

【病原】两种疾病的病原分别为指环虫和三代虫。

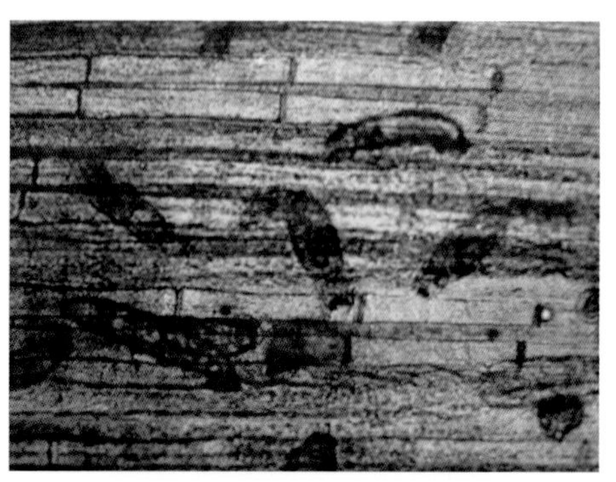
指环虫（照片提供：余德光）

【症状】两种虫形态及造成的病症都很接近，主要寄生于鳃部和身体表面，病鱼鳃盖张开，呼吸急促，身体发黑，显微镜检测可见到蛆状透明虫体。

【流行特征】一般在水温20℃以下且缺少光照的水体发生，主要发病季节为冬春两季。

【治疗方法】

①用90%晶体敌百虫溶解并稀释后泼洒，使水体最终药物浓度达到0.2~0.3克/米^3。

②用亚甲基蓝泼洒，使水体最终药物浓度达到2~4克/米^3。

③用药物泼洒水体，使达到20克/米^{3}甲醛+2克/米^{3}亚甲基蓝药物浓度。

④用渔用溴氰菊酯溶液全池泼洒，使池水呈0.02克/米^{3}浓度，每天一次，连续3天。

6. 小瓜虫病

又叫白点病。

【病原】多子小瓜虫。

【症状】患鱼全身遍布小白点，严重时因病原对鱼体的刺激导致患鱼分泌物大增，患鱼体表形成一层白色基膜。

【诊断方法】显微镜观察病灶部位黏液的涂片，可见到瓜子状的原始单细胞生物。

【流行特征】小瓜虫在低温、缺少光照时容易发生，因此冬季越冬的鱼以及初春刚从温室转移出室外养殖的鱼最容易患病。水温高于 30℃时不会发生此病。危害对象主要是鱼苗、鱼种，很多种鱼类都会感染此病，该病甚至能在不同种类之间传染，包括金鱼在内的各种观赏鱼都有可能患此病。

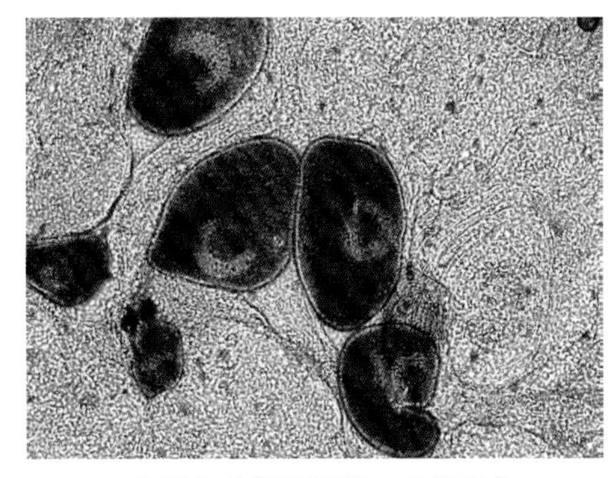

小瓜虫（照片提供：余德光）

【预防措施】

①保持适当的水温，避免越冬水温过低。

②越冬鱼提早入温室，避免在水温低时捕捞、搬运。

③低温季节避免可能对鱼体表黏膜造成伤害的操作。

④使用对黏膜没有伤害的药物如聚维酮碘、诺氟沙星进行鱼体消毒。

⑤尽可能使温室照到一些阳光。

【治疗方法】

①将水温提高到 30℃，同时加盐使水体盐度达到 0.5%。

②亚甲基蓝化水后泼洒，使水体最终药物浓度达到 2~3 克 / 米 ^{3}。

③大蒜素水体泼洒，使水体最终药物浓度达到 2~3 克 / 米 ^{3}。

④在保证水温不剧烈变化的条件下，让鱼在 20 厘米的水位下晒太阳或接受紫外灯照射，每天 1 小时，连晒 3 天。

7. 打粉病

【病原】裸甲藻。

【症状】患鱼身体上出现大量白点，逐渐增多后呈堆砌状，白点之间还可见到红色的出血点，因病灶对皮肤的刺激而黏液增多，整条鱼像裹了一层面粉。

由于打粉病初期症状与白点病症状相近，诊断的关键是区分这两种病间的差异。从外观看，打粉病的白点似有一定厚度，白点之间有红色出血点，而白点病没有这样的症状。另外，打粉病的病原是裸甲藻，显微镜下观察与白点病的病原小瓜虫明显不同，裸甲藻呈肾状，个体较大，不会移动。

【诊断方法】肉眼观察症状符合，再用解剖镜或低倍显微镜检验。

【流行特征】金鱼打粉病主要发生在春末至秋初，发病水温 22~32℃，发生在酸性水体中，与金鱼的年龄没有明显关系。

【预防措施】预防打粉病的关键是防止养殖水体酸性化，将养殖水的酸碱度控制在 pH7.0 以上，即可避免此病的发生。我国绝大多数的地表水，即养殖水源，都是中性至碱性的，养殖金鱼只要正常频率的换水，都可以防止水质酸性化，从而防止打粉病发生。

【治疗方法】全池泼洒生石灰，剂量 5~20 克 / 米 ^{3}，使池水转为弱碱性，即可杀死裸甲藻，使白粉脱落，病鱼将逐渐自然恢复。

（四）其他类疾病

1. 水霉病、鳃霉病

【病原】肤霉菌。

【症状】肤霉病主要表现是鱼体表或鳍生长棉絮状白毛，鱼体消瘦，体色发黑，焦躁不安，发病的起因是水温低并且体表皮肤黏膜被破坏。鳃霉病则是鳃部长出霉菌，鱼体消瘦兼呼吸困难。

患水霉病已到晚期的黑龙睛

【流行特征】一般在水温 20℃以下发生，主要发病季节为冬春两季。

【预防措施】避免鱼体受伤；放养前用 2%~5% 的食盐溶液浸浴 10~20 分钟。

【治疗方法】

①亚甲基蓝溶解于水后全池泼洒，终浓度 2~4 克 / 米 ^{3}，隔 1 天后再用 1 次。

②提高水温至 30℃，用亚甲基蓝 2 克 / 米 ^{3}+ 福尔马林 20 克 / 米 ^{3} 合剂全池泼洒，隔天再用 1 次，共施药 3 次。

③ 1% 食盐与 0.04% 苏打混合液浸浴 20 分钟，一天 1 次，连用 3 天。

④五倍子粉末化水浸泡后全池泼洒，药量 0.2~0.4 克 / 米 ^{3}。

⑤菖蒲（鲜品，捣烂）3.75~7.5 克 / 米 ^{3} 与食盐 0.75~1.5 克 / 米 ^{3} 混匀后全池泼洒。

⑥用杀灭霉菌专用的其他鱼用中成药，按照药物使用说明，浸泡后全池泼洒。

另外，如果眼睛巩膜上长白毛，就可确诊为真菌诱发的眼病，可以用水霉病方法治疗，也可以用盐水浸泡或于患病灶部位涂抹人用癣药膏。

2. 气泡病

【病原】非生物病原，因水体中溶氧过饱和引起。

【症状】患鱼的尾鳍有许多细微的气泡，气泡的直径不大于 2 毫米，但是数量较多，以致长尾的金鱼尾巴常常浮于水面。有时鱼的躯干上也有气泡。

气泡如果长时间不除去，会破坏鱼体表面的黏膜，初时在鳍的表面出现血丝，严重时发炎糜烂。

【诊断方法】肉眼观察鱼体表面。

【流行特征】气泡病主要发生在夏季，因为夏季阳光强烈，光合作用强，在浮游植物含量较高水体的上层，白天有一段时间光合作用产生的氧气过多，水体溶氧处于超饱和状态，很容易游离出来吸附于固体表面，特别是尾鳍和鱼体的表面。

气泡病一般危害 3 厘米以下的鱼苗，而金鱼则不仅鱼苗受危害，甚至 10 厘米左右的鱼也受其危害。

【预防措施】预防气泡病的方法是夏季到来前在鱼池上方搭盖遮阳网，减弱照射于水面的阳光，减少光合作用；或者用换水或杀藻的办法控制水体内浮游植物数量，避免光合作用过强。

【治疗方法】

①冲入新鲜、低温、含浮游植物低的水，使气泡慢慢溶解到水体中。

②用 1% 食盐水浸泡患鱼 10 分钟后，将患鱼放在阴凉处的清洁水中暂养恢复。

3. 烧尾病

【病原】非生物病原，因水温过高引起。

【症状】尾鳍边缘开始时变白，继而发炎、糜烂、露出鳍丝末端，如不及时控制，整个尾鳍可能被逐渐销蚀。

【诊断方法】肉眼观察。

【流行特征】烧尾病主要发生在夏季，特别是在很肥的水体中，夏季水表层温度过高，而下层水温比较低，此时在水表层活动的鱼容易发生烧尾（烫尾）。另外，高温季节换水不当、运输水温过高也会造成烧尾。

养殖过程中的烧尾主要发生在长尾的金鱼，而运输或转水不当造成烧尾的情况，在许多观赏鱼中都发生过。

【预防措施】

①夏季对金鱼池采取适当遮光措施，避免表层水温过高。

②夏季防止金鱼池水过肥，因为水越肥表层水温就越高。

③夏季投喂饲料注意避开水温最高的时段，特别是投喂浮性饲料，一定要选择水表层温度较低的时段进行。

④夏季运鱼一定要避光、避高温，最好用泡沫箱内装冰块，降低氧气袋内的水温。

⑤新贩运来的鱼一定要经过缓慢的转水，才能放入新水体。

【治疗方法】首先将患病鱼转移到没有太阳直射、温度适中、清洁并符合患鱼品种水质要求的养殖水体，然后泼洒消毒药物如聚维酮碘 0.3 毫升 / 米 ^{3} 或恩诺沙星 1 克 / 米 ^{3}，之后正常喂食与管理，一段时间后，销蚀的尾鳍会再生至原来的长度。

参 考 文 献

黄志斌，2011．新编水产药物器械应用表解手册 [M]．南京：江苏科学技术出版社.

吉田信行，2011．金鱼饲养大全 [M]．王志君，译．北京：中国轻工业出版社.

楼允东，2014．鱼类育种学 [M]．北京：中国农业出版社.

王春元，2000．中国金鱼 [M]．北京：金盾出版社.

杨先乐，2010．常规淡水鱼类养殖用药处方手册 [M]．北京：化学工业出版社.